Stefan Grotlüschen

Kommunikation für Führungskräfte

Die Eigenschaft erfolgreicher Leader

Email: info@edition-lunerion.de
www.edition-lunerion.de

Psiana eCom UG
Berumer Str. 44
26844 Jemgum

Inhalt

Vorwort

Unser modernes Zeitalter ist dynamisch. Veränderungen geschehen besonders schnell. Moderne Technologien ermöglichen flexible Möglichkeiten und stetiges Wachsen. Allerdings kommt es auch schneller zu Krisen. Damit die Unternehmensführung auf diese Veränderungen reagieren kann, muss sich einiges ändern. Langjährige Planungen sind nicht immer möglich. Veränderungen im Führungsstil sind gerade in jüngeren Generationen der Arbeitnehmer gern gesehen. Arbeitsmoral und Wertvorstellungen verändern sich innerhalb einer Gesellschaft stetig. In diesen Zeiten zeigt sich, welche Führungskräfte bereits auf die Veränderungen reagiert und durch Training in der Lage sind, ihr Umfeld zu tragen.

Eines der wichtigsten Merkmale für den Erfolg einer Führungskraft ist die Kommunikation. Sie bietet die Basis für jede Form von menschlicher Interaktion. Egal, ob im privaten oder im beruflichen Feld, gute Kommunikation ist der Schlüssel zu gelungenen Handlungen. Sie kann Konflikte vermeiden und Beziehungen stärken. Gleichzeitig kann schlechte Kommunikation dafür sorgen, dass Beziehungen zerbrechen.

Führungskräfte müssen sich über die Wirkung der Kommunikation bewusst sein. Wer sich gut auskennt und gelungene Kommunikation übt, kann damit im beruflichen Alltag einiges erreichen. Doch Kommunikation ist nicht so einfach, wie gemeinhin angenommen wird. Wäre sie einfach, würde es nicht so viele Streitigkeiten und Probleme geben. Doch wo Menschen auftauchen, wird es immer Unsicherheiten und Unstimmigkeiten geben. Gerade deshalb ist es wertvoll, sich mit den verschiedenen Details und Faktoren rund um das Thema Kommunikation zu befassen.

Sicher Führen - Der Weg zum Erfolg

Für den Erfolg eines Unternehmens sind verschiedene Faktoren verantwortlich. In der Regel ist Erfolg ein Zusammenspiel mehrerer Faktoren. Dabei spielt erst einmal der Wirtschaftssektor eine große Rolle. Boomt die Wirtschaft, haben Unternehmen noch größere Erfolgschancen. Befindet sich ein Land in einer gesellschaftlichen Krise oder in einem Umschwung, kann dies den Erfolg zahlreicher Unternehmen stark beeinflussen. Kleinere Umstände, wie jahreszeitliche Veränderungen, gesellschaftliche Wünsche und Einsichten, ein Richtungswechsel in der Politik oder die Stimmung im Lande aufgrund von unvorhergesehenen Ereignissen beeinflussen Erfolgsquoten von Unternehmen. Dies festzuhalten, bedeutet jedoch keinesfalls, dass Unternehmen nicht auch in vielen Situationen einen großen Eigenanteil leisten können, um den Erfolg zu erhöhen. Wer das Potenzial seiner Firma vollkommen ausschöpft, hat in der Regel deutlich höhere Erfolgschancen und kann auch Krisenzeiten wie einige der zuvor genannten besser überstehen. Die Motivation der Mitarbeiter, die Philosophie eines Unternehmens und die finanziellen Möglichkeiten spielen hierbei eine große Rolle. Ein ganz maßgeblicher Punkt für den Erfolg eines Unternehmens ist die **Unternehmensführung**.

Die Unternehmensführung als einflussreicher Erfolgsfaktor

Die Führungskraft eines Unternehmens hat nicht alles in den Händen. Allerdings fallen viele Details und Möglichkeiten in ihren Einflussbereich. Viele der wichtigsten Erfolgsfaktoren eines Unternehmens fallen in die Hände der Führungskraft. Zu den wichtigsten Erfolgsfaktoren gehören insbesondere:

- ✓ Raum für Innovationen und Ideen
- ✓ Motivation und Förderung von Mitarbeitern
- ✓ Klare Ziele
- ✓ Hilfreiche Strukturen
- ✓ Zukunftsorientiertes Handeln
- ✓ Agilität

Mitarbeiter wollen gewisse Freiheiten genießen, benötigen aber in vielen Fällen auch Strukturen und Ziele zur Orientierung. Sie wünschen sich generell Raum für Ideen und Flexibilität, profitieren gleichzeitig jedoch von einer Leitung, die den Blick auf das Gesamtziel nicht verliert und auf dieses hinsteuert.

Als Führungskraft kann sich Ihr Verhalten positiv oder negativ auf die Motivation der Mitarbeiter auswirken. Auch haben Sie die Möglichkeit, die Philosophie eines Unternehmens in die eine oder andere Richtung zu lenken. In der Regel zeigt sich, dass der Führungsstil einer leitenden Person einen großen Einfluss auf den Erfolg des Unternehmens haben kann. Sind Sie gut organisiert, können Sie auch für Organisation und Struktur sorgen und Mitarbeiter bei der Stange halten. Andersherum können Sie mit weniger Kompetenz und Hingabe auch den gegenteiligen Effekt erzielen und dafür sorgen, dass mehr Chaos auftritt und die Motivation der Mitarbeiter nachlässt. Daher ist es durchaus wichtig, zu wissen, wie erfolgreiches Leiten funktioniert. Dabei ist es völlig unabhängig, ob Sie ein Unternehmen in der obersten Etage leiten oder die Führung eines kleineren, untergeordneten Teams innehaben. Wenn Sie mit Führungsaufgaben vertraut sind, egal, ob im kleinen oder großen Rahmen, sollten Sie sich der Verantwortung bewusst sein und wissen, wie Sie bestimmte Stile und Möglichkeiten richtig einsetzen.

Wer sicher führen kann, hat einen ganz entscheidenden eigenen Vorteil. Als Führungskraft müssen Sie häufig Entscheidungen treffen, die nicht für jeden bequem sind. Teilweise müssen Strukturen verändert und Konflikte gelöst werden. Mitarbeiter wollen motiviert sein und die Anweisungen der Führungskraft ausführen. Je mehr Respekt Sie sich erarbeiten, desto leichter wird dies. Wer sich als Leitung behaupten kann, wird es also auch einfacher haben, Mitarbeiter mitzuziehen. Gleichzeitig wird die eigene Arbeit erheblich erleichtert, wenn Mitarbeiter Vertrauen in die Leitung setzen.

Je mehr Respekt eine Leitung erhält, desto einfacher wird auch der eigene Weg, die Karriereleiter emporzusteigen. Um die eigene Karriere voranzutreiben und Mitarbeiter sicher zu führen, lohnt es sich daher, bereits früh anzufangen, um einen sicheren Führungsstil zu erlernen.

Doch nicht nur die Motivation der Mitarbeiter und der eigene Karriereweg sind positive Folgen eines sicheren Führungsstils. Die Leitung eines Teams ist auch dafür verantwortlich, dass alle Beteiligten ihren Stärken nach eingesetzt werden, sodass Sie einen sinnvollen Beitrag für die Organisation des Unternehmens leisten. Voraussetzung dafür ist, dass Sie als Führungskraft erkennen, wo die Stärken und Schwächen Ihrer Mitarbeiter liegen. Tipps hierzu finden Sie in einem der späteren Abschnitte. An dieser Stelle jedoch so viel: Es zahlt sich aus, wenn Sie die Kompetenzen Ihrer Mitarbeiter kennen. Unterhalten Sie sich mit ihnen, lernen Sie sie kennen und merken Sie sich Stärken und Verhaltensweisen.

Ein Beispiel:
Mitarbeiter A kommt immer zehn Minuten zu früh an den Arbeitsplatz. Er macht dies, damit er sich in Ruhe einen Kaffee holen und die E-Mails des Vortages checken kann. Vor seinem ersten Kaffee und ein wenig Orientierung über das, was am heutigen Arbeitstag ansteht, ist er nicht wirklich ansprechbar. Er braucht diese Zeit, um sich gedanklich in den Arbeitsrhythmus einzufinden. Wenn Sie sich diese Eigenheit in Ihrem praktischen Alltag als Führungskraft merken, können Sie das Miteinander mit Ihren Mitarbeitern positiver gestalten und besser kommunizieren.

Eine gute Leitung weiß, wie die Mitarbeiter bestmöglich eingesetzt werden können. Das sorgt für eine gute Arbeitsleistung im Team. Da sich jeder bestmöglich einbringen kann, sorgt dies auch langfristig für Erfolgschancen des Unternehmens. Werden Mitarbeiter auf diese Art eingesetzt, besteht die Chance, dass sie sich stärker gesehen und gehört fühlen. Das wiederum kann dazu führen, dass gute Mitarbeiter sich gerne langfristig an das Unternehmen binden. Wird ihnen Raum für Ideen gegeben und werden ihnen langfristig Entfaltungsmöglichkeiten geboten, werden sie lieber in der Firma weiterarbeiten. Das sichert dem Unternehmen zuverlässige und stabile Mitarbeiter. Da das Rekrutieren und Einarbeiten neuer Mitarbeiter das Unternehmen zahlreiche Ressourcen kosten kann, sichert ein stabiler Mitarbeiterkreis ebenfalls die Stabilität auf dem Markt.

Studien zeigen, dass eine schlechte Führung einer der Hauptgründe für Kündigungen ist. Herrscht im Unternehmen somit eine hohe Fluktuation, sollte ein Blick auf den aktuellen Führungsstil geworfen werden.

Der Ruf eines bestimmten Führungsstils kann darüber hinaus auch zur Arbeitgeberattraktivität auf dem Markt beitragen. Insbesondere Talente aus der jungen Generation werden sich höchstwahrscheinlich eher bei einem Unternehmen bewerben, wenn sie bestimmte Freiräume im Arbeitsumfeld erhalten. Auch bei Kunden kann ein guter Ruf zu mehr Attraktivität beitragen. Hat das Unternehmen den Ruf, seine Mitarbeiter gut zu behandeln und einen positiven Führungsstil an den Tag zu legen, wird auch die Attraktivität außerhalb der eigenen Firmenräume steigen – so auch bei potentiellen Bewerbern.

Ein guter Vorgesetzter gibt außerdem Halt und Orientierung. Das ist gerade in unsicheren Zeiten ein besonders wichtiger Faktor. Eine sichere Leitung kann das Team stabil und zusammenhalten. Fühlen sich die Mitarbeiter auch in schwierigen Zeiten gut unterstützt, sichert das die Arbeitsleistung und dadurch auch die Gesamtleistung der Firma.

Sie sehen also: Zusammenfassend lassen sich zahlreiche gute Gründe dafür finden, sich ausgiebig mit dem Verantwortungsbereich und den Möglichkeiten einer Führungskraft zu befassen. Sicheres Führen ist der Weg zum Erfolg. Allerdings ist damit nicht alles geklärt – schließlich treten um das Thema Führungskompetenz zahlreiche Fragen auf:

Doch wie führen Sie ein Team richtig?

Gibt es überhaupt die eine richtige Methode?

Welche Detailaufgaben fallen überhaupt in den Verantwortungsbereich einer Führungskraft?

Zahlreiche Fragen drehen sich um das Thema **Führungskompetenz**. Zurecht, schließlich beinhaltet Führungskompetenz im Grunde eine ganze Reihe von Eigenschaften und Qualifikationen. Darunter fallen vor allem:

Fachkompetenzen

Sogenannte Soft Skills

Vorbildfunktion bzw. Mentor- und Lehreigenschaften

Die Gesamtheit dessen macht eine gute Führungskraft aus.

Definition: Führungskompetenz
Grundsätzlich lässt sich Führungskompetenz als eine Fähigkeit definieren, die dazu beiträgt, Ziele festzulegen und andere Menschen zu lenken.

Daneben kommt es besonders auf die sogenannten **Soft Skills** an. Soft Skills sind vor allem kommunikative, soziale oder methodische Fähigkeiten. Der Begriff kommt aus dem Englischen und bedeutet „weiche Fähigkeiten". Soft Skills lassen sich in vier Kategorien einteilen:

1. Methodische Soft Skills (analytische Fähigkeiten, Selbstmanagement und Präsentationstechniken)
2. Soziale Soft Skills (emotionale Intelligenz, Empathie und Kooperationsbereitschaft)
3. Personale Soft Skills (Ehrgeiz, Flexibilität und Neugierde)
4. Kommunikative Soft Skills (aktives Zuhören, Wissensvermittlung und Verhandlungsgeschick)

Diese Kenntnisse und Fähigkeiten wirken sich vor allem auf das soziale Umfeld und den Zusammenhalt in der Gruppe aus. Zu den wichtigsten Soft Skills gehören die folgenden Kenntnisse und Fähigkeiten:

- ✓ Kritikfähigkeit
- ✓ Durchsetzungsvermögen
- ✓ Gute Kommunikation
- ✓ Selbstbewusstsein
- ✓ Kreativität
- ✓ Agilität
- ✓ Zielsetzung
- ✓ Strategisches Denken
- ✓ Lösungsorientiertes Denken
- ✓ Zukunftsgerichtetes Denken
- ✓ Organisationsfähigkeit
- ✓ Zuverlässigkeit
- ✓ Mediation
- ✓ Konfliktmanagement
- ✓ Offenheit
- ✓ Menschenkenntnis
- ✓ Resilienz
- ✓ Teamgeist
- ✓ Mut
- ✓ Empathie
- ✓ Verhandlungsgeschick

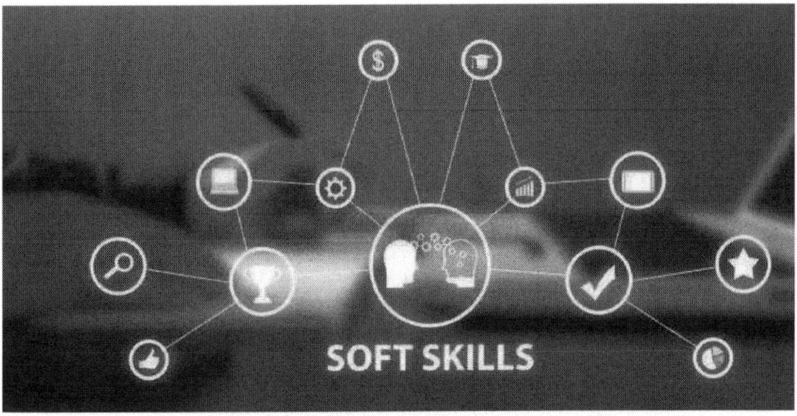

All diese Eigenschaften machen eine gute Leitung aus. Diese Liste ist keinesfalls abschließend und allgemeingültig. Jeder Mensch hat andere Bedürfnisse und daher auch andere Wünsche an seinen Vorgesetzten.

Im weiteren Verlauf werden Sie noch weitere Details zu diesem Thema erhalten. Vor allem besonders wichtige Kompetenzen wie Kommunikation und Konfliktmanagement werden intensiv besprochen.

Rückblick:
Innerhalb der letzten Jahrzehnte wurde angenommen, dass echtes Leading (aus dem Englischen = Leiten, Führen, Anführen) bedeutet, in strengen Hierarchien zu agieren. Auch heute ist dies in vielen Unternehmen noch der Fall. Mitarbeitende wurden angetrieben, ohne dass sie für ihr Handeln wirklich motiviert wurden. Begeisterung stand niemals im Mittelpunkt. Harte Arbeit, klare Strukturen und direkte Befehle waren an der Tagesordnung. Diese Strukturen bestanden teilweise seit der Industrialisierung.

Dieser traditionelle, eher autoritäre Führungsstil befindet sich aktuell im Wandel. Heutzutage werden vermehrt moderne Lösungen gesucht, wobei das Miteinander und das Motivieren in den Vordergrund gerückt werden. Von einer Führungskraft wird dabei erwartet, Mitarbeitende für ihre Arbeit zu begeistern und sie dabei zu unterstützen, ihre eigenen Fähigkeiten auszubauen. Freiräume sollen gewährt werden, wo sie sinnvoll sind. Daneben gibt es einige klassische Qualitäten, die nie aus der Mode kommen. Zu diesen zählen Eigenschaften wie Flexibilität, Durchsetzungsfähigkeit und Selbstbewusstsein.

Einige Beispiele zur Verdeutlichung:
Unvorhergesehene Veränderungen können immer auftreten – etwa aufgrund von Veränderungen auf dem Markt, in der Gesellschaft oder schlichtweg durch Probleme mit der Technik (Zeitverzögerung durch Stromausfall, Hacker-Angriffe oder Ähnliches). Eine Leitung muss auch in diesen Situationen einen klaren Kopf bewahren und unter Umständen schnell einen Alternativplan entwickeln. Das bedeutet, sie muss stets flexibel genug sein, um sich an die Umstände anzupassen.

Eine Leitung muss auch bei flachen Hierarchien in gewissen Situationen Anweisungen geben können. Kann ein Team keine Einigung erzielen, muss sie dazu in der Lage sein, dem Team Orientierung zu geben, bevor es für die Durchführung zu spät wird (weil eine Deadline für ein Projekt näher rückt oder weil ein gewisses Ereignis bevorsteht).

Außerdem gehört Selbstbewusstsein zu den wichtigen Eigenschaften einer Führungsperson, da Führungskräfte hinter ihren Entscheidungen stehen müssen, ein sicheres und überzeugendes Auftreten benötigen und das Team sicher durch veränderungsreiche Zeiten und auch Krisen leiten müssen.

Grundsätzlich werden Sie sich als Führungskraft fragen müssen, inwiefern sie traditionelle Strukturen bevorzugen und an welchen Punkten moderne Wandelprozesse vorteilhaft sind.

Welches ist der effektivste, effizienteste Weg, zu arbeiten und zu führen?

Welche Werte wollen Sie vertreten?

Welche Werte wollen Sie an Ihre Mitarbeiter vermitteln?

Wer möchten Sie selbst als Führungskraft sein?

In den folgenden Kapiteln werden Sie diese und viele andere Fragen durchgehen. Sie lernen, welche Führungsstile unterschieden werden und wie Sie herausfinden, welche Methode sich am besten für Sie eignet. Sie werden einiges über diverse Kommunikationstypen erfahren und darüber, welche Rolle Empathie und Hierarchien spielen. Im nächsten Abschnitt betrachten Sie die umfassenden Aufgabenfelder einer Leitung.

Führungskräfte: Eine umfassende Aufgabe

Das Führen eines Teams ist eine umfassende Aufgabe. Es gehört mehr dazu, als nur Anweisungen zu geben. So müssen Sie als Führungskraft Feedback respektvoll vermitteln und annehmen können. Sie haben die Aufgabe, ein Team zu motivieren und für die Arbeit zu begeistern. Sie müssen einen Überblick über Ziele haben und dafür sorgen, dass die Ziele gemeinsam erreicht werden. Wenn Mitarbeiter Fragen oder Probleme haben, ist es Ihre Aufgabe, sich diesen anzunehmen und Probleme zu lösen. Unter Umständen fällt es sogar in Ihren Verantwortungsbereich, sich Konflikten zwischen den Mitarbeitern anzunehmen und als Mediator zu agieren. Sie haben bereits anhand der Liste der wichtigsten Eigenschaften und Fähigkeiten einer Leitung gesehen, dass das Anführen eine Aufgabe ist, die zahlreiche Inhalte verlangt. In den Arbeitsbereich eines Teamleaders fallen viele kleine Teilaufgaben und Details.

Was genau macht eine Führung zu einer guten Führung?

Welche Prinzipien kennzeichnen einen inspirierenden Anführer?

Welche Aufgaben kann oder soll eine Führungskraft sogar delegieren und welche muss sie selbst übernehmen?

Um den Verantwortungsbereich und Charakter einer guten Führungskraft drehen sich zahlreiche Fragen, die im Rahmen der nachfolgenden Kapitel näher erläutert werden.

Zahlreiche Einzelaufgaben

Ganz einheitlich lassen sich die oben aufgeführten Fragen nicht alle beantworten. Es gibt viele verschiedene Ansätze, die verschiedene Aufgaben und Teilaufgaben in den Mittelpunkt legen. Jede Führungskraft wird Ihnen auf Ihre Frage eine etwas andere Antwort geben. Das liegt daran, dass jeder unterschiedliche Prioritäten setzt. Auch Mitarbeiter werden unterschiedliche Antworten geben. Häufig kann sich die Perspektive zwischen einer Führungskraft und einem Mitarbeiter stark unterscheiden. Dennoch gibt es einige Grundprinzipien, an denen Sie sich orientieren können.

Der österreichische Wirtschaftswissenschaftler Fredmund Malik (* 1. September 1944) definiert hierzu fünf zentrale Aufgaben einer Führungskraft. Zu diesen gehören:

- ✓ Ziele stecken
- ✓ Organisation
- ✓ Entscheidungen treffen
- ✓ Kontrolle
- ✓ Entwicklung und Förderung von Menschen

Fredmund Malik ist ein österreichischer Wirtschaftswissenschaftler und Titularprofessor für Betriebswirtschaft mit besonderer Berücksichtigung der Unternehmensführungslehre in der Schweizer Stadt St. Gallen. Er veröffentlichte zahlreiche Schriften, hauptsächlich zu Managementtheorien und Strategien zur Personalentwicklung.

Betrachten Sie sich diese Aufgaben einmal genauer:

Ziele festlegen

Das Festlegen von Zielen wird auch heute noch als eine der zentralen Führungsaufgaben erkannt. Viele Wirtschaftswissenschaftler gehen davon aus, dass eine Führungskraft die Ziele mit den Mitarbeitenden gemeinsam stecken soll. Die Ziele sollen messbar und motivierend sein. Um Ziele auf diese Art zu gestalten, eignet sich die sogenannte SMART-Methode:

Eine wirksame und bewährte Methode, Ziele zu formulieren, ist die sogenannte SMART Methode. SMART steht für:

Spezifisch
Messbar
Attraktiv
Realistisch
Terminiert

Dies sind die fünf Kriterien, die für jedes Ziel berücksichtigt werden sollten. Diese Methode ist eine Orientierung, die dabei hilft, dass die Ziele realistisch formuliert werden und dadurch erreichbar bleiben.

Spezifische Ziele sind konkret formuliert. Idealerweise benötigen Sie für die Formulierung nicht mehr als einen bis zwei Sätze. Vermeiden Sie allgemeine Formulierungen. Fragen Sie sich auch, ob ein anderes Teammitglied anhand Ihrer Formulierung verstehen würde, was konkret zu tun ist.

Um festzustellen, ob ein Ziel erreicht wurde, müssen die Formulierungen in einer messbaren Größe gehalten sein. Dies sorgt dafür, dass sie objektiv gemessen werden können.

Ein Beispiel:
Wir wollen den Traffic auf unserer Website um 10 % steigern.

Ziele sollten stets positiv formuliert werden. So bleiben sie auch in ihrer Formulierung attraktiv. Auch der Inhalt sollte für das Team attraktiv sein. Inhaltlich attraktive Ziele sind solche, von denen das Unternehmen, das Team oder auch die einzelnen Mitarbeiter profitieren. Attraktive Formulierungen vermeiden unangenehme Worte.

Ein Beispiel:
Wir müssen härter arbeiten, damit die Website einen höheren Traffic generiert. Durch die Formulierung härter arbeiten wird das Ziel unangenehm formuliert. Besser: Wir arbeiten engagierter und legen den Fokus auf die Website, um einen höheren Traffic zu erreichen.

Ziele sollten stets realistisch bleiben. Sind sie zu eifrig gestellt worden, ist die Wahrscheinlichkeit hoch, dass sie nicht erreicht werden. Das wiederum demotiviert das Team auf Dauer.

Letztlich sollen Ziele terminiert sein. Auch hier sind realistische Zeitvorgaben relevant. Mithilfe von Deadlines kann überprüft werden, ob die Ziele auch erreicht wurden. Außerdem helfen Deadlines den Mitarbeitern bei der Orientierung im Prozess. Sind sich alle Mitarbeiter darüber im Klaren, wann die Ziele erreicht sein müssen, können bessere Aufgabenverteilungen und Teil-Zielsetzungen stattfinden.

Die SMART-Methode hilft dabei, Ziele effektiv zu vereinbaren und zu überprüfen. Bei vielen Unternehmen hat sie sich bereits bewährt.

Durch die gemeinsame Arbeit können sich die Mitarbeitenden selbst mit den Zielen beschäftigen und erklären, welche Ressourcen sie für die Erfüllung dieser Ziele brauchen. Sie als Führungskraft wiederum erhalten unmittelbar Einblick in die Notwendigkeiten auf Mitarbeiterseite und können schnellstmöglich dafür sorgen, dass die Ressourcen ermöglicht werden. Gleichzeitig gehört es in Ihren Aufgabenbereich, nachzusteuern, falls das Ziel aus den Augen verloren geht. Nach welchen Regeln und Grundlagen Sie Ziele festlegen und formulieren, werden Sie in einem späteren Abschnitt genauer lernen. An dieser Stelle sollten Sie sich merken, dass das Definieren von Zielen eine der Kernaufgaben der Leitung ist und nie aus dem Blick geraten sollte.

Organisieren und Entscheidungen treffen

Organisation und das Treffen von Entscheidungen gehören zu den traditionellen Aufgaben einer jeden Führungskraft. In ihren Händen liegt die Fähigkeit, Struktur zu schaffen und einen Plan zu schmieden. Das Thema Entscheidungen kann schnell für Konflikte sorgen. Manch einer geht davon aus, dass eine Führungskraft dazu in der Lage sein muss, jederzeit schnelle Entscheidungen zu treffen. Schnelle Entscheidungen sind jedoch nicht immer sinnvoll. Außerdem geht es nicht darum, dass sich die Führungskraft aus Prinzip durchsetzen kann oder soll. Allerdings gehört es in den Verantwortungsbereich einer Leitung, Entscheidungen dann zu treffen, wenn sie notwendig werden. In manchen Situationen mag es angebracht sein, harmoniebedingten Konsens als Lösung zu erstreben.

Kontrolle behalten

Eine Führungskraft muss auch Kontrolle ausüben können. Dabei ist es wichtig, dass Kontrolle nicht als reine Dominanz oder Schikane verstanden wird. Vielmehr gilt es, auf eine respektvolle Art sicherzustellen, dass essenzielle Prozesse ohne Reibungen ablaufen. Kontrolle muss zielführend sein. Sie sollen Strukturen erhalten, wo sie sinnvoll sind, und dafür sorgen, dass die Ziele nicht aus den Augen verloren werden.

Entwicklung und Förderung von Menschen

Zu den wichtigsten Aufgaben einer Leitung gehört das Entwickeln und fördern von Menschen. Die Förderung der Entwicklung der Mitarbeiter gehört zu den nachhaltigsten Aufgaben einer Führungskraft. Sie sorgt dafür, dass das Unternehmen eine nachhaltige Entwicklung durchführen kann. Eine Leitung kann dabei sogar als eine Art Mentor verstanden werden. Allerdings muss eine gute Führungskraft häufig in sehr viele Rollen schlüpfen. So muss sie sich in bestimmten Situationen als disziplinarischer Vorgesetzter Verhalten, in anderen eher wie ein Teammitglied auf dem gleichen Level. Neben der Coach- und Mentor-Funktion kommt ihr auch eine Funktion als Fachmann zu.

Teamzusammenhalt nicht aus den Augen verlieren

Die Leitung hat häufig auch eine wichtige Rolle im Team-Aufbau. Ein Team aufzubauen, das gut zusammenarbeitet und sich aufeinander verlässt, ist sehr essenziell für den Erfolg eines Unternehmens. Der Aufbau des Teams beginnt bereits bei der Rekrutierung von Mitarbeitern. Es geht darum, eine angemessene Anzahl von Mitarbeitern einzustellen. Den Mitarbeitern müssen dann gute Arbeitsbedingungen gegeben werden, so dass eine Arbeitskultur geschaffen werden kann, mit der die gesamte Organisation übereinstimmt. Mission und Leitprinzipien des Unternehmens müssen hervorgehoben werden. Die Mitglieder sollten sich an diesen orientieren können. So haben alle ein gemeinsames Ziel vor Augen und können gut zusammen darauf hinarbeiten. Um ein Team zu erstellen, sind auch teambildende Maßnahmen wichtig. Auch diese können in den Händen der Führungskraft liegen. Dabei kann eine gute Leitung dafür sorgen, dass teambildende Maßnahmen regelmäßig stattfinden. Letztlich hat auch die Art, wie die Leitung das Team führt, ganz erheblichen Einfluss auf die Zusammenarbeit der Mitarbeiter untereinander. Wurde eine respektvolle Arbeitskultur gepredigt und durchgeführt, können auch die Mitarbeiter besser zusammenfinden. Sie lernen, Kompromisse zu schließen und sich aufeinander zu verlassen, wenn dies nötig ist. Zum sicheren Führen eines Teams gehört es, die Mitarbeiter zu fördern und zu fordern. Das bedeutet: Neben dem Motivieren der Mitarbeiter sollte eine Führungskraft auch regelmäßig Wertschätzung in Form von Lob und Anerkennung einbringen. Gleichzeitig ist es auch wichtig, Kritik zu äußern, wenn sie nötig ist. Das schafft Anreize und Verbesserungen, von denen wiederum das ganze Team profitiert. Eine Führungskraft sollte Mitarbeiter darin fördern, ihre Ziele zu erreichen, sie aber auch ausreichend fordern, damit sie sich weiterentwickeln können. Hier schlüpft die Führungskraft sozusagen in die Rolle eines Coaches.

Hier eine Checkliste für guten Teamzusammenhalt:

✓ Die Anzahl der Mitarbeiter entspricht dem Aufgabenumfang (es gibt weder zu wenig Mitarbeiter noch zu wenig Aufgaben – die Gesamtzahl der Aufgaben kann gerecht unter den Mitarbeitern verteilt werden, ohne dass einer zu wenig oder zu viel Arbeit erhält).

✓ Die Mitarbeiter werden nach ihren Stärken und Schwächen verschiedenen Verantwortungsbereichen zugeteilt.

✓ Alle Teammitglieder haben ein gemeinsames Ziel formuliert und schriftlich festgehalten.

✓ Alle Teammitglieder kennen das gemeinsame Ziel.

✓ In Diskussionen und Auseinandersetzungen wird immer wieder auf das gemeinsame Ziel verwiesen.

✓ Die Firmenkultur ist allen präsent.

✓ Es finden regelmäßig teambildende Maßnahmen statt.

✓ Alle Teammitglieder wissen, dass sie sich aufeinander verlassen können.

✓ Alle Teammitglieder wissen, dass sie im gleichen Team stecken und nicht in Konkurrenz.

✓ Alle Teammitglieder können Kompromisse schließen.

✓ Kritik wird respektvoll geäußert.

✓ Regelmäßiges Feedback steht an der Tagesordnung.

✓ Gespräche finden respektvoll und konstruktiv statt.

Selbstmanagement, Selbstorganisation und Repräsentation

Neben all diesen umfassenden Aufgaben, die insbesondere das Team oder das Unternehmen betreffen, gehört auch Selbstmanagement zu den wichtigsten Aufgaben der Leitung. Die Führungskraft muss nicht nur die eigenen Mitarbeiter managen und organisieren, sondern auch in der Lage sein, sich selbst effektiv zu managen. Im Grunde ist dies sogar die Voraussetzung für alles andere. Erfolgreiches Selbstmanagement bedeutet Selbstkenntnis und darauf aufbauend Selbstvertrauen. Nur wer seine eigenen Stärken und Schwächen erkennt und richtig einschätzt, kann auch schwierige Aufgaben und Krisenzeiten bewältigen.

Nur wer sich selbst gut organisiert, hat die Möglichkeit, darauf aufbauend andere gut zu organisieren und Strukturen zu schaffen, von denen das ganze Unternehmen profitiert. Zum Selbstmanagement gehört ein gutes Zeitmanagement, aber auch ein gutes Aufgabenmanagement im eigenen Verantwortungsbereich. Wem dies gelingt, der kann auch das Team gut repräsentieren.

Auch das Repräsentieren ist eine der wichtigsten Führungsaufgaben, egal, ob es darum geht, das ganze Unternehmen zu repräsentieren oder ein einzelnes Team. Diese Aufgabe obliegt der Führungskraft. Nach außen muss die Führungskraft möglichst ein positives Bild darstellen. Dies ist in höheren Positionen häufiger noch wichtiger als in kleinen Teams, schließlich ist der Außenauftritt in diesen Positionen meist größer und wichtiger. Ein positiver Außenauftritt ermöglicht die neue Akquise von Kunden. Dieser erreicht ein positives Firmenimage, was Bestandskunden sichert. Aber auch intern muss eine Führungskraft die Werte des Unternehmens repräsentieren können. Nur so bleibt eine Leitung authentisch. Das wiederum erhält die guten Mitarbeiter im Team.

Hier finden Sie eine Checkliste für effektives Selbstmanagement, Selbstorganisation und Repräsentation:

✓ Sie können Ihren eigenen Tagesablauf und Wochenablauf organisieren und strukturieren.

✓ Sie behalten die wichtigsten Aufgaben des Teams im Voraus im Überblick.

✓ Sie schreiben wichtige Termine nieder und verlieren nicht den Überblick über bevorstehende Veranstaltungen und Meetings.

✓ Sie wissen, welche Aufgaben Ihnen am Tag bevorstehen, und können Sie nach Priorität erledigen.

✓ Sie wissen, wo Sie Ihre Stärken am besten einsetzen können.

✓ Sie wissen, wo Ihre Schwächen liegen, und können gezielt daran arbeiten.

✓ Sie können Strukturen schaffen, die Ihre Schwächen ausgleichen.

✓ Sie können mit Ihrem Team Rücksprache halten und gemeinsame Ergebnisse vortragen.

✓ Sie haben eine positive Ausstrahlung und decken Ihrem Team den Rücken.

✓ Sie können Inhalte Ihres Teams – auch solche, die Sie nicht selbst erarbeitet haben – nach außen vermitteln.

Sicher durch die Krisen kommen

Letztlich muss eine Führungskraft auch ein gutes **Krisenmanagement beherrschen**.

Definition: Krisenmanagement
Krisenmanagement bezeichnet die Fähigkeit, ein Unternehmen sicher und stabil durch stressige und problematische Situationen zu leiten. Dazu gehört das Aufstellen und Umsetzen von diversen Strategien und das stetige Verfolgen des Zieles. Im Falle von Problemen muss die Leitung den Überblick behalten und Ruhe bewahren.

Es ist wichtig, keine vorschnellen Entscheidungen zu treffen, sondern genau über die Situation nachzudenken und eine realistische Lösung zu erarbeiten. Das eigene Team muss auch in schwierigen Situationen steuerbar bleiben. Daher darf die Führung nicht den Überblick verlieren. Gleichzeitig muss sie in diesen Zeiten Kapazitäten aufbringen können, um sich Sorgen und Ängsten der Mitarbeiter anzunehmen. Die Bedürfnisse der Mitarbeitenden können sich in Krisensituationen verändern. Gerade in schwierigen Zeiten ist es für viele Menschen keine leichte Aufgabe, sich Sorgen und Bedürfnissen anderer Leute anzunehmen – aber genau dann wird es wichtig. So kann die Mitarbeiterbindung gestärkt werden und das Team organisiert weiterarbeiten. Krisenmanagement erlernen Sie nicht von heute auf morgen. Vielmehr handelt es sich um eine Aufgabe, die sich aus vielen kleinen Bereichen zusammensetzt. Gutes Krisenmanagement erfordert gute Organisation, eine vorausschauende Erstellung von Strukturen und Prognosen, die Ziele nie aus den Augen zu verlieren und auch Flexibilität.

Hier finden Sie eine Checkliste für das Krisenmanagement:

✓ Sie verlieren Ziele nie aus den Augen.

✓ Sie behalten auch in stressigen Situationen einen kühlen Kopf.

✓ Sie können sich flexibel auf Veränderungen einstellen.

✓ Sie können schnell an einem Plan arbeiten.

✓ Sie können Ihr Team motivieren und ihm Stabilität geben, auch wenn es einmal brenzlig wird.

✓ Sie treten sicher und selbstbewusst auf, auch wenn die Zeiten schwer sind.

✓ Sie suchen gezielt nach dem Kern des Problems und denken lösungsorientiert.

✓ Sie motivieren Ihr Team, in schwierigen Situationen stärker an einem Strang zu ziehen.

✓ Sie haben stets ein offenes Ohr für Probleme und Sorgen Ihrer Mitarbeiter.

✓ Sie versuchen, sich Fragen und Schwierigkeiten der Mitarbeiter anzunehmen und Lösungen anzubieten.

✓ Sie erstellen Strukturen und Prognosen, die zukünftige Krisen verhindern sollen.

✓ Sie erarbeiten Strukturen, die beim Auftreten von zukünftigen Krisen Lösungen anbieten.

Fazit – Führen bedeutet viele Aufgaben übernehmen

All diese Aufgaben sind keine abschließende Aufzählung. Wie bereits erwähnt wurde, würde Ihnen jede Führungskraft eine andere Liste von Aufgaben geben, die zu Ihrem Verantwortungsbereich gehören. Es lässt sich festhalten, dass das Führen eines Unternehmens eine sehr umfassende Aufgabe ist. Als Leitung müssen Sie in der Lage sein, in verschiedene Rollen zu schlüpfen. Sie müssen dazu in der Lage sein, eine angemessene Kommunikation sowohl mit den Mitarbeitenden als auch mit anderen Managern höherer Positionen und natürlich mit Kunden umzusetzen. Die Kommunikation geschieht auf vielen verschiedenen Levels. Auch die Repräsentation gehört zur Kundenkommunikation. Im Anschluss erhalten Sie noch eine Liste mit den wichtigsten Aufgaben einer Führungskraft im Überblick.

Zu den umfassenden Aufgaben einer Führungskraft gehören:

- ✓ Selbstmanagement und Selbstorganisation
- ✓ Management und Organisation anderer
- ✓ Förderung und Entwicklung von Menschen
- ✓ Teambildung und Förderung von Zusammenhalt
- ✓ Motivation von Mitarbeitenden
- ✓ Durchsetzung und Forderung
- ✓ Strukturen schaffen
- ✓ Krisenmanagement
- ✓ Repräsentation
- ✓ Kommunikation nach innen und außen
- ✓ Ziele setzen und verfolgen
- ✓ Aufgaben delegieren
- ✓ Feedback, positiv als auch negativ, wo notwendig
- ✓ Freiheiten und Entfaltungsmöglichkeiten der Mitarbeiter gewähren, wo sinnvoll
- ✓ Hilfe anbieten, Anleitungen geben, Vorbildfunktion
- ✓ Coaching

Viele der in diesem Kapitel erwähnten Themen werden in den folgenden Kapiteln näher besprochen. Nehmen Sie sich einen Moment Zeit, um die hier gesammelten Informationen zu verarbeiten. Im weiteren Verlauf werden Sie lernen, wie Mitarbeiter bestmöglich motiviert werden und Sie Ziele überprüfen und verfolgen. Auch zahlreiche Kommunikations-Skills in Bezug auf Krisenmanagement, Feedbackgeben und Aufgabenverteilen werden Ihnen nahegebracht. Dabei werden insbesondere Themen wie Rhetorik-Skills, positive Sprache, Präsentationen und alles Wissenswerte rund um das Mitarbeiterjahresgespräch eine Rolle spielen.

Von flachen Hierarchien & Rollenkonflikten

In den meisten Unternehmen gibt es deutliche Hierarchien. Vom Geschäftsführer über den Abteilungsleiter bis hin zu deren Stellvertretern sowie zu weiteren Positionen: Angestellte haben in der Regel viele Kräfte über sich. Die genaue Verteilung kommt auf die Größe des Unternehmens an. Früher waren starke Hierarchien und sehr strenge Strukturen die Regel. Viele Firmen setzen heute eher auf einen alternativen Aufbau. Strenge Regeln und Strukturen werden nach und nach abgebaut.

Von strengen Strukturen zu flachen Hierarchien

Hierarchien gibt es in jeder Firma in verschiedenen Formen. In ihrer Strenge und Ausprägung unterscheiden sie sich merklich. Viele Unternehmen machen heutzutage positive Erfahrungen mit flachen Hierarchien. Sie berichten von mehr Motivation unter den Mitarbeitern und einem besseren Zusammenhalt im Team.

Von flachen Hierarchien wird gesprochen, wenn sich in einem Unternehmen oder einer anderen Gruppe weniger Hierarchieebenen finden als normalerweise. Gestalten kann sich dies durch mehr Mitarbeitermitspracherecht in Form von Abstimmungen oder Diskussionen.

Manche Teams gehen sogar so weit, dass Entscheidungen stets im Konsens getroffen werden. Dies steht einer klassischen Führungsrolle häufig entgegen. Eine Führungskraft trifft schließlich Entscheidungen. Werden Entscheidungen jedoch stets durch das Finden einer gemeinsamen Lösung getroffen, ist dies eine flache Hierarchie. Auch die zwischenmenschliche Begegnung erfolgt auf einem anderen Level. Häufig zeigt sich dies schon durch die Ansprache. Wo flache Hierarchien herrschen, duzen sich die Mitglieder eines Arbeitsteams häufiger.

Generell sind flache Hierarchien durch einfache, ungehinderte Kommunikation und übergreifendes, gemeinsames Arbeiten gekennzeichnet. Überwiegend wird das Miteinander – auch zwischen Führung und Angestellten – als kollegial empfunden. Wie die Details aussehen, hängt vom Einzelfall ab. So kann ein Unternehmen einzelnen Mitarbeitern mehr Verantwortung überlassen oder durch demokratische Abstimmungen zu Entscheidungen finden.

Allerdings gibt es auch Unternehmen, die mit flachen Hierarchien keine großen Erfolge verzeichnen. Experten begründen diese Unterschiede unter anderem mit dem Alter des Unternehmens und den Generationen, den Mitarbeitern. In Unternehmen, in denen bereits jahrelang bewährte Traditionen herrschen, kann die Umstellung deutlich schwieriger sein.

Wenn sich Strukturen über Jahrzehnte festgesetzt haben oder der Mitarbeiterkreis aus älteren Generationen besteht (und damit ebenfalls an langlebige Strukturen gewöhnt ist), trifft eine Veränderung der Hierarchie unter Umständen auf reichlich Widerstand.

Ein Beispiel:
In einem Unternehmen, das bereits seit 100 Jahren besteht, gibt es drei Ebenen. Es gibt eine Führungsposition auf der obersten Ebene. Auf der mittleren Ebene stehen drei Manager. Darunter befinden sich diverse Mitarbeiter. Die Führungsposition trifft letztlich alle wichtigen Entscheidungen alleine. Nur in wenigen Fällen zieht sie Beratung durch die Manager in Anspruch. Sie verteilt Aufgaben überwiegend an die Manager, die wiederum Aufgaben an ihren Mitarbeiterkreis weiterleiten. Möchte die Führungsposition nun Veränderungen hervorrufen und für flache Hierarchien sorgen, kann dies vor allem im Kreis der Manager für Unmut sorgen. Schließlich haben diese hart für ihren Titel gearbeitet. Sie sind es gewohnt, mehr Verantwortung und mehr Entscheidungskraft zu haben. Sich nun auf einer Ebene mit den Mitarbeitern wiederzufinden, kann für sie ungewohnt und ungewollt sein. Möglicherweise entsteht das Gefühl, dass ihnen ein Titel weggenommen wird.

Besonders junge Unternehmen, Start-ups und solche, die vor allem einen sehr jungen Mitarbeiterkreis haben, verzeichnen größere Erfolge mit flachen Hierarchien. Das liegt daran, dass das **Mindset** in den Generationen durchaus verschieden sein kann.

Definition: Mindset
Als Mindset wird eine festgelegte Reihe von Einstellungen oder Wertvorstellungen bezeichnet. Es lässt sich gruppenübergreifend oder auch individuell feststellen.

Haben sich in einem Unternehmen über mehrere Jahrzehnte oder möglicherweise Jahrhunderte bestimmte Strukturen und Traditionen bewährt, ist es schwer, diese zu verändern. Auch aus den Köpfen der Mitarbeiter sind diese Traditionen oft nur schwer zu entfernen. Jüngere Leute setzen vermehrt auf freie Entfaltungsmöglichkeiten und Entwicklungsmöglichkeiten. Sie wollen eigenständig arbeiten, Verantwortung übernehmen und sich ausprobieren. Viele Unternehmen mit jungen Mitarbeitern haben damit große Erfolge. Mitarbeiter fühlen sich mit flachen Hierarchien gesehen und können eigenständiger arbeiten. Sie halten nicht an lange bestehenden Traditionen fest, weil sich diese gar nicht erst festsetzen konnten. Wer in einem Unternehmen arbeitet, das bereits über Jahrzehnte oder sogar Jahrhunderte besteht, sollte sich daher darauf einstellen, dass flache Hierarchien nur nach und nach gebildet werden können. Strenge Strukturen können nicht von heute auf morgen abgebaut werden. Vielmehr müssen sie langsam und schrittweise verändert werden. In einem Unternehmen, in dem der Chef freiwillig Veränderungen an dem Hierarchiegefälle vornimmt, zeigen sich positive Veränderungen besonders deutlich. Ist die Führungskraft motiviert, Veränderungen zu bewirken, kann sich diese Motivation auch stark auf die Mitarbeiter auswirken. Ist die Führungskraft hingegen selbst nicht ganz überzeugt, kann sich das Gefühl auch bei den Mitarbeitern ausbreiten. In einigen Fällen haben flache Hierarchien keinen Erfolg, weil in der Chefetage das Gefühl besteht, sich dem Wertewandel des Arbeitsmarktes anpassen zu müssen, allerdings keine echte Überzeugung von den neuen Methoden herrscht.

Veränderungen durch digitale Lösungen

Experten sehen auch in der zunehmenden Digitalisierung einen Grund für Strukturveränderungen in vielen Unternehmen. Heutzutage finden immer mehr Vorgänge digital statt. In einigen Fällen ermöglicht dies eine höhere Flexibilität. Dadurch sind auch weniger strenge Rahmenbedingungen notwendig. Ganz im Gegenteil sogar: Die allgemeine Schnelllebigkeit des modernen Zeitalters und die ständigen Veränderungen, insbesondere im Rahmen der technischen und digitalen Fortschritte, setzen ein hohes Maß an Flexibilität voraus. Langfristige Planungen für Jahre oder gar Jahrzehnte sind kaum möglich. Digitale Lösungen sorgen dafür, dass sich Informationen stärker verbreiten. Außerdem verändert sich die Technik heutzutage so schnell, dass immer wieder neue Methoden genutzt werden. Ständig scheint eine neuere, bessere Technologie auf dem Markt zu sein. Ursprüngliche Strukturen und Methoden gelten schnell als veraltet. Eine Fachkraft muss sich heutzutage permanent weiterentwickeln und weiterbilden. Sie muss viel schneller dazulernen als noch in früheren Jahren. Entscheidungen müssen ständig überprüft und angepasst werden. Veränderungen kommen oft schneller als erwünscht. Ein Unternehmen muss darauf flexibel reagieren können. Strenge Planungen und Strukturen haben da kaum noch Platz. Führungskräfte müssen agil sein. Das bedeutet, dass sie sich immer häufiger in verschiedenen Rollen wiederfinden müssen. Früher sorgten Hierarchien dafür, dass das Leiten von oben herab funktionierte. Sie können sich das so vorstellen, dass eine Führungskraft oben auf einer Treppe stand. Auf jeder Stufe darunter standen die anderen Mitarbeiter in ihren Positionen. Heute herrscht eher ein flaches Bild. Stellen Sie sich ein Gruppenbild vor, mit einer Person vorne in der Mitte. Alle Gruppenmitglieder gehen den gleichen Weg. Es gibt keine Stufen, auf denen einzelne Mitglieder stehen und auf die anderen herabschauen. Vielmehr geht eine Person wegweisend voran, die anderen folgen – befinden sich aber stets auf der gleichen Ebene. Im übertragenen Sinn bedeutet das, dass eine Leitung nicht von oben herab führt, sondern mit gutem Beispiel vorangeht. Natürlich funktioniert dies nur, wenn die Gesamtstrukturen des Unternehmens ein solches Leiten ermöglichen. Unter Umständen kann es sein, dass gewisse Veränderungen im größeren Rahmen vorgenommen werden müssen.

Rollenkonflikte beim Führen

Eine Führungskraft ist nicht immer ein Anführer oder ein Sympathieträger. Zu früheren Zeiten, in denen strenge Strukturen noch die Regel waren, musste eine Leitung häufig eine gewisse Dominanz ausstrahlen. Wo flache Hierarchien die Regel sind, ist dies nicht unbedingt notwendig. Auch hier ist eine Führungskraft nicht stets der beste Freund der Mitarbeiter. So müssen keine strengen Befehle auf der Tagesordnung stehen. Dennoch muss die Führungskraft die Übersicht behalten und im Zweifelsfall Entscheidungen treffen können. Das bedeutet, dass Sie sich als Leitung sicherlich häufig in unterschiedlichen Rollen wiederfinden werden. In vielen Fällen wollen Sie mit Mitarbeitern auf einer Ebene agieren. Sie schlüpfen dann in die Rolle eines Mitarbeiters, möglicherweise eines Mentors. In anderen Situationen müssen Sie schnelle Anweisungen geben und schlüpfen in die Rolle eines Befehlsgebers, dessen Anweisungen Folge zu leisten ist. In wieder anderen Situationen führen Sie Mitarbeitergespräche und finden sich in der Rolle eines Coaches wieder. In strengeren Strukturen und Hierarchien herrschen häufig weniger Rollenkonflikte. Das Maß aller Dinge war in diesem Kontext die Leitung: Es gab klare Anweisungen, fest abgesteckte Verantwortungsbereiche und strenge Strukturen. Entscheidungen und Anweisungen lagen allein in den Händen der Führungskraft. Es gab nicht viel zu bewegen und keine unterschiedlichen Rollen, in welche die Leitung schlüpfen musste. Das kann heute ganz anders aussehen. Wo flache Hierarchien an der Tagesordnung sind, hat eine Führungskraft sehr viele unterschiedliche Rollen.

Zu den wichtigsten gehören:

- ✓ Coach
- ✓ Mentor
- ✓ Entscheidungsträger
- ✓ Ansprechpartner bei Problemen
- ✓ Außenvertretung
- ✓ Mediator

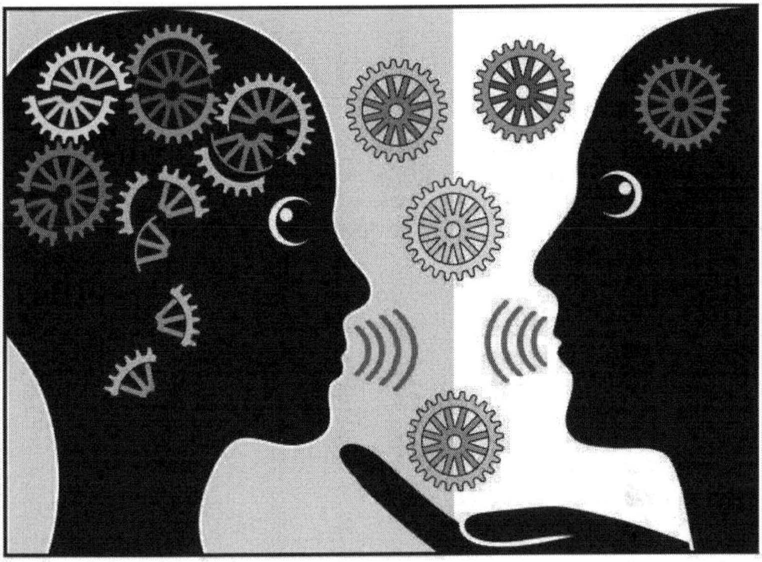

Die Leitung gibt zwar hier und da noch Anweisungen und Anregungen, schafft aber Freiraum für eigene Verantwortung und Entfaltung der Mitarbeiter. Sie muss da sein, wenn Mitarbeiter Hilfe benötigen, sie allerdings auch motivieren, eigenständig Lösungen zu finden. Dies kann unter Umständen durchaus zu Konflikten führen.

Um Rollenkonflikte möglichst zu vermeiden oder zu lösen, eignen sich einige Taktiken. Überwiegend haben diese Taktiken mit Selbstkenntnis zu tun. Zu Rollenkonflikten und Lösungen der Problematik lesen Sie in einem der folgenden Kapitel mehr. Da diese Konflikte aber auch aufgrund der zahlreichen Möglichkeiten, ein Team unterschiedlich zu leiten, entstehen können, erhalten Sie zunächst einen Einblick in Führungsstile. Eine Leitung muss mit der Zeit erkennen, wann welche Rolle angemessen ist. Dies ergibt sich häufig mit einer jahrelangen Arbeitserfahrung. Aber auch das Ausprobieren von neuen Ideen, das Abflachen von bereits bestehenden Hierarchien und das Testen diverser Führungsstile in verschiedenen Situationen können helfen. Mithilfe verschiedener Führungsstile können Sie erkennen, wie Sie situationsabhängig in verschiedene Rollen schlüpfen sollten. Im nächsten Abschnitt lesen Sie daher über unterschiedliche Führungsmethoden und die Möglichkeiten, die sich daraus ergeben.

Viele Wege führen nach Rom: Verschiedene Führungsstile

Jeder Chef ist anders. Der eine lässt scheinbar alles laufen, der nächste möchte selbst die kleinsten Vorgänge noch persönlich regeln. Die Personalführung hat Auswirkungen auf das Betriebsklima, die Mitarbeiter und das Unternehmen als solches. Den eigenen Führungsstil zu finden, ist ebenfalls eine Herausforderung.

Jeder Führungsstil hat seine eigenen Vor- und Nachteile. Jeder basiert auf unterschiedlichen Prinzipien und Vorstellungen. Vorab gesagt sei an dieser Stelle, dass es keinen einheitlich besten oder richtigen Führungsstil gibt. Sie werden in diesem Buch noch häufiger lernen, dass sich verschiedene Stile für verschiedene Probleme und verschiedene Mitarbeiter und Unternehmensstrukturen eignen. Nur weil ein Stil in einer Situation oder mit einer Person funktioniert, heißt das nicht, dass er in jeder Führungssituation funktioniert. Viele Experten sagen sogar, dass ein guter Chef dazu in der Lage ist, seinen Stil an die unterschiedlichsten Gegebenheiten und Mitarbeiter anzupassen. Damit Sie einen Überblick bekommen, wie sich unterschiedliche Führungsstile unterscheiden, werden Ihnen in diesem Kapitel die verschiedenen Varianten erklärt.

AUTOKRATISCHER ODER AUTORITÄRER FÜHRUNGSSTIL

Dieser Führungsstil ist besonders von der alleinigen Weisungsbefugnis der Führungsperson geprägt. Bei wichtigen Fragen und bei Entscheidungen hat die Leitung die alleinige Gewalt. Einzelne Mitarbeiter haben in der Regel kein Mitspracherecht. Sollten sie doch eines haben, ist es meistens streng geregelt und limitiert. Viele Unternehmen wurden früher unter dieser Aufsicht geleitet. Es handelt sich dabei hauptsächlich um den Führungsstil, der traditionellerweise vor allem in älteren Generationen als einzig normaler anerkannt war. Heutzutage funktionieren noch viele kleinere und mittlere Familienunternehmen auf diese Art und Weise. Auch in der Landwirtschaft ist der Führungsstil noch weit verbreitet. Gerade in kleineren Unternehmen kann dieser Stil beliebt sein, da es nur eine geringe Anzahl an Mitarbeitern gibt. In kleinen Gruppen werden selten weitere Unterteilungen in kleine Teams oder Arbeitsgruppen benötigt. Das macht die Arbeit häufig übersichtlicher und unterstützt eine klare Hierarchie. Die Vorteile dieses Führungsstils liegen vor allem in der Reaktionsgeschwindigkeit und in der Entscheidungsfreudigkeit. Auch in Krisensituationen können Entscheidungen schnell getroffen werden. Da keine Abstimmungen notwendig sind und auch keine großen Teambesprechungen über die Sachlage erfolgen, kann die Leitung des Unternehmens schnell eine Entscheidung treffen. Mitarbeitende tragen in der Regel keine oder nur sehr geringe Verantwortung für Fehlentscheidungen. Für Mitarbeiter kann dies unter Umständen sehr bequem sein. Allerdings hat dieser Führungsstil zahlreiche Nachteile. So werden Mitarbeiter regelmäßig nicht darin gefördert, sich frei zu entfalten und Eigenverantwortung zu übernehmen. Viele Mitarbeiter leiden unter einer gewissen Demotivation. Ihre Ideen spielen keine Rolle und die Wertschätzung scheint nicht vorhanden zu sein. Gerade solche Individuen, die gerne Verantwortung übernehmen oder später aufsteigen und höhere Positionen einnehmen möchten, haben häufig das Gefühl, dass sie in veralteten Strukturen feststecken, die ihnen keine Entwicklungsmöglichkeiten bieten.

Ein Beispiel:
Der autoritäre Führungsstil ist in einigen Bereichen, die aus dem klassischen Unternehmensbereich herausfallen, zu finden. So lässt er sich bei der Polizei, der Feuerwehr oder auch im Militär beobachten. In diesen Bereichen zählt stets, was der Vorgesetzte sagt. Eine Person erteilt Befehle und die anderen folgen. Der Befehlsgeber trägt im Anschluss die Verantwortung für das Geschehen. In diesen Strukturen sind solche Führungsstile notwendig, da häufig unter hohem Zeitdruck gearbeitet werden muss. Die Beteiligten haben selten Zeit, Entscheidungen ausführlich zu besprechen. Daher muss ein Hauptverantwortlicher Entscheidungen alleine treffen können, denen alle anderen folgen müssen.

Patriarchalischer Führungsstil

Der patriarchalische Führungsstil wird bei weiblichen Führungspersonen auch matriarchalisch genannt. Er ähnelt dem autoritären Führungsstil in einigen Details. Auch hier gibt es in der Regel eine Führungsperson, die allein die Verantwortung trägt. In kleineren Teams sieht sich die Führungsperson häufig in der Rolle eines Vaters oder einer Mutter, die für die Familie sorgen muss. Auch deshalb lässt sich der patriarchalische Führungsstil oft in kleinen und mittleren Familienunternehmen finden. Der patriarchalische Führungsstil unterscheidet sich im Vergleich zum Autoritären häufig dadurch, dass die Führungspersonen sich tatsächlich eher in einer emotionalen Vater- oder Mutterrolle sehen. Im Vergleich dazu sieht sich eine autoritäre Führungsperson häufig als dominantes Oberhaupt ohne emotionalen Bezug zu den anderen Mitarbeitern. Die Nachteile des patriarchalischen Führungsstils sind dem des autoritären Führungsstils allerdings sehr ähnlich. Mitarbeitende erhalten nur geringsten Freiraum für Entfaltungsmöglichkeiten. Es gibt wenig Raum für Innovationen und neue Ideen. Auch ein Hang zum Micromanagement liegt vor. Auch die Vorteile dieses Führungsstils ähneln denen des autoritären Führungsstils. Es gibt klare Anweisungen und Vorgaben und Entscheidungen werden schnell getroffen. Da die Strukturen klar geregelt sind, weiß jeder, was genau seine Aufgaben sind und was zu erfüllen ist.

Da die ersten beiden Führungsstile sehr ähnlich sind, ist diese Unterscheidung nicht immer vorhanden. Die Grenzen sind fließend. Auch zwischen vielen anderen Führungsstilen werden Sie immer wieder Grauzonen und verschwimmende Linien finden.

Ein Beispiel:
Max Mustermann führt ein Familienunternehmen, in dem seine beiden Kinder – Sohn und Tochter – arbeiten. Daneben hat er noch zwei Auszubildende. Der Familienvater leitet das Unternehmen nach seinen Vorstellungen und übernimmt die Hauptverantwortung in allen Bereichen. Er lehrt und bildet die anderen Arbeitenden in seinem Sinne aus und versucht, den Bestand der Firma zu sichern. Sobald er in Rente geht, soll sein ältestes Kind das Unternehmen übernehmen und in seinem Sinne fortführen.

Charismatischer Führungsstil

Der charismatische Führungsstil zeichnet sich durch Menschen mit besonderer Ausstrahlung aus. Dieser Führungsstil ist gekennzeichnet durch eine Leitung, welche die besondere Gabe hat, durch ihre Ausstrahlung Menschen zu motivieren. Charismatische Führungspersonen erscheinen in der Regel selbstbewusst und eloquent. Sie zeichnen sich durch eine große Begeisterung aus und leiten auch mit Begeisterung. Häufig übertragen Sie diese Begeisterung scheinbar ungewollt oder ganz nebenbei auf ihre Mitarbeitenden. Eine charismatische Führungsperson überträgt in der Regel Verantwortung an Mitarbeitende und lässt sie selbstbestimmt arbeiten. Sie vermittelt das Gefühl, dass die Mitarbeitenden viel allein leisten können. Dabei ist sie motivierend und positiv. Viele Mitarbeitende schätzen nicht nur diesen Führungsstil, sondern auch die Person, die dahintersteht. In einigen Fällen lässt sich dadurch eine gesteigerte Leistungsbereitschaft erkennen.

Auch dieser Führungsstil ist jedoch nicht einwandfrei. Natürliches Charisma kommt selten vor. Zwar sind einige der entsprechenden Verhaltensweisen erlernbar, allerdings kann dies eine Weile dauern und anfangs nicht authentisch rüberkommen. Außerdem darf Charisma nicht mit Kompetenz verwechselt werden. Ein charismatischer Mensch ist nicht automatisch kompetent. Es kann durchaus sein, dass eine charismatische Leitung mangelnde Führungskompetenzen oder gar mangelnde Sachkompetenz auf dem entsprechenden Gebiet vorweist. Zwar fällt es diesen Menschen in der Regel leicht, andere Menschen zu überreden oder gar auszubeuten, das bedeutet aber nicht, dass sie sorgfältige und richtige Entscheidungen treffen.

Ein Beispiel:
Maria Musterfrau führt einen mittelgroßen Betrieb. Ihren Mitarbeitern gegenüber verhält sie sich stets freundlich, sammelt gerne Feedback und hört zu. Ideen werden entgegengenommen und umgesetzt, wenn sie Maria überzeugen. Letztlich entscheidet sie zwar alleine, vermittelt ihren Mitarbeitern aber stets ein motivierendes, positives Gefühl. Sie gehört zu den Menschen, die häufig als charmant und charismatisch bezeichnet werden. Es fällt ihr leicht, Begeisterung für die Arbeit aufzubringen und zu vermitteln. Generell ist das Arbeitsklima positiv, da sich viele Mitarbeiter motiviert und wohlfühlen.

Kooperativer oder demokratischer Führungsstil

Der kooperative oder demokratische Führungsstil zeichnet sich vor allem durch Teamarbeit und autarkes Arbeiten der Mitarbeitenden aus. Eigenverantwortung steht hier an der Tagesordnung. Ideen und Kritik sind immer willkommen. Leitungen, die diesen Führungsstil an den Tag legen, nehmen auch Vorschläge von Personen aus untergeordneten Positionen gerne entgegen. Sie haben stets eine offene Tür für Feedback jeder Art. Außerdem sorgen diese Personen meistens für ausreichend Motivation und delegieren Aufgaben gerne in Eigenverantwortung an andere.

Ein großer Vorteil dieses Führungsstils ist das in der Regel gute Arbeitsklima, das durch die Motivation der Mitarbeitenden entsteht. Für den Vorgesetzten selbst bedeutet das Delegieren von Aufgaben außerdem eine enorme Entlastung. Gleichzeitig erhöht sich das Verantwortungsbewusstsein der Mitarbeiter. Es wird ausreichend Raum für Kreativität und freie Entfaltung gegeben. Viele Mitarbeiter schätzen diesen Stil besonders, weil sie sich gesehen und gehört fühlen. Sie haben das Gefühl, dass sie durch das Arbeiten unter dieser Leitung besonders vorankommen, sowohl in ihrer persönlichen als auch in ihrer beruflichen Entwicklung. Die Nachteile dieses Führungsstils liegen in längeren Entscheidungsfindungen und Diskussionen. Meistens wird lange diskutiert, argumentiert und teilweise auch Konkurrenzdenken geschaffen. Dies kann eine negative Gruppendynamik fördern. Auch ein Risiko des Kontrollverlustes besteht, wenn sich die Führungsperson nicht durchsetzen kann. Lange Abstimmungen können verzögert wirken und dazu führen, dass Entscheidungen nicht rechtzeitig getroffen werden. In Krisensituationen kann dies erhebliche Folgen haben. Auf der anderen Seite sollte nicht vergessen werden, dass Diskutieren, Argumentieren und Abstimmen auch zu einer positiven Gruppendynamik beitragen können.

Ein Beispiel:
Maria Musterfrau führt einen mittelgroßen Betrieb, in dem sie auf reichlich Eigenverantwortung setzt. Mitarbeiter erhalten zwar Themengebiete zugeteilt, haben in ihrem Verantwortungsbereich jedoch viel Entscheidungsspielraum. Die meisten wichtigen Entscheidungen, die das ganze Team oder das Unternehmen betreffen, werden in demokratischen Abstimmungen getroffen, auch wenn dies die Prozesse hin und wieder verzögert. Insgesamt legt Maria viel Wert darauf, dass ihre Mitarbeiter ihr stets Feedback und Ideen einreichen dürfen.

Laissez-faire-Führungsstil

Dieser Führungsstil ist durch einen noch größeren Freiraum für die Mitarbeitenden gekennzeichnet. Hier gibt die Leitung der Mitarbeitenden so viel Entscheidungsspielraum, dass auch die Aufgabenverteilung bei den Mitarbeitenden selbst liegt. So kann es sein, dass die Leitung einem Team zwar sagt, welche Aufgaben erledigt werden müssen, aber nicht delegiert, welcher Mitarbeiter sich um welche Aufgaben zu kümmern hat. Dies dürfen die Teammitglieder selbst entscheiden. Die Führungsperson muss dabei nicht einmal zustimmen. Auch hier liegt ein großer Vorteil in der Motivation und in der Verantwortungsbereitschaft der Mitarbeiter. Mitarbeiter erhalten ausreichend Raum für Innovationen und Kreativität. Außerdem lernen sie nicht nur, eigenständig zu arbeiten, sondern auch, Aufgaben gerecht zu verteilen. Ein Nachteil liegt auch hier darin, dass die Entscheidungen häufig verzögert getroffen werden. Müssen sich die Mitarbeiter selbst einigen, kann dies ein langer Prozess sein. Letztlich kann dieser Führungsstil auch zu allgemeinem Chaos führen, wenn die Mitarbeiter nicht ausreichend kommunizieren.

Ein Beispiel:
Max Muster bevorzugt einen lockeren Führungsstil. Er delegiert nur im äußersten Notfall und gewährt seinen Mitarbeitern größtmöglichen Freiraum. Eine Aufgabe gibt er zwar an das Team weiter, er bestimmt aber nicht, welches seiner vier Teammitglieder die Aufgabe zu übernehmen hat. Das Team entscheidet dies stets selbst. Die Teammitglieder lernen dadurch stets, sich zu einigen und Kompromisse zu schließen. Allerdings ziehen sich einige Aufgaben auch in die Länge, wenn sich die Teammitglieder nicht über die Verteilung einigen können.

Partizipativer Führungsstil

Der partizipative Führungsstil fördert das Beisteuern von Ideen der Mitarbeiter. Mitarbeitende sollen dazu motiviert werden, ihre Kenntnisse und Fähigkeiten einzusetzen und zu zeigen. Hier wirkt die Führungsperson in der Regel moderierend. Sie trifft zwar Entscheidungen und ist auch allein verantwortlich für den Ausgang einer Situation, motiviert ihre Mitarbeiter allerdings dazu, sich einzubringen. Verschiedene Kompetenzen und Wissensstände sollen dabei gleichberechtigt wirken und gleichermaßen willkommen geheißen werden. Individuen sowie deren persönliche Stärken und Schwächen sollen gefördert werden. Das Zusammentreffen aller persönlichen Stärken und Schwächen soll Kreativität und Ideenreichtum fördern. Viele Start-ups nutzen diesen Führungsstil. Auch hier liegt der Vorteil darin, dass Mitarbeiter sehr schnell motiviert werden und außerdem einen großen Entfaltungsspielraum haben. Ein Nachteil kann sein, dass engagierte Mitglieder frustriert werden, wenn ihre Ideen nicht ausreichend umgesetzt werden. Da letztlich dennoch die Führungsperson die Entscheidungen trifft, kann es außerdem sein, dass Mitarbeiter frustriert sind, wenn sie ihre Ideen zwar einbringen, aber das Gefühl haben, dass es am Ende keinen Unterschied macht, weil die Ideen nicht angenommen werden.

Ein Beispiel:
Maria Muster leitet ihr Team möglichst diplomatisch. Sie bietet regelmäßige Gespräche an und sorgt für Team-Meetings, in denen Entscheidungen besprochen werden. Sie fragt stets gezielt nach Ideen ihrer Mitarbeiter und sammelt Feedback. Ihr Team ist stets dazu angehalten, sich einzubringen. Nachdem sich Maria detailliert mit den Inhalten einer Idee beschäftigt hat, trifft sie eine informierte Entscheidung. Dabei berücksichtigt sie zwar die Sorgen und Wünsche ihres Teams, entscheidet aber letztlich nach eigenem Wissen und Gewissen.

Bürokratischer Führungsstil

Im Rahmen des bürokratischen Führungsstils werden viele Regeln und Vorgaben genutzt. Arbeitsabläufe sind in der Regel vordefiniert und klar geregelt. Es gibt reichlich Struktur, an die sich alle Mitarbeiter halten müssen. In der Regel bestimmen zahlreiche Richtlinien, woran sich Mitarbeiter und auch Führungskräfte zu halten haben. Dieser Führungsstil ist häufig in großen Unternehmen zu finden. Führungspositionen sind nicht selten nur auf Zeit festgelegt. Die Vorteile dieses Führungsstils liegen in den geregelten Abläufen und klaren Anweisungen. Die Entscheidungsfindung folgt einem speziellen System. Dieses System ist geregelt und scheinbar frei von Sympathien. Werden Ideen von Mitarbeitern nicht umgesetzt, liegt das nicht daran, dass die Leitung bestimmte Mitarbeiter benachteiligt. Es gibt vielmehr klare Regeln und Ordnungen, die neue Ideen blockieren. Mitarbeiter kennen diese Regeln und auch die strukturellen Abläufe, sodass sie es selten persönlich nehmen, wenn Entscheidungen nicht in ihrem Sinne getroffen werden. Die Blockade liegt im System, nicht in einer Person oder Vorliebe der Leitung. Das kann einerseits dafür sorgen, dass persönliche Konflikte vermieden werden, andererseits aber auch frustrierend sein, wenn Mitarbeiter das Gefühl bekommen, dass sie in einem veralteten System feststecken. Gleichzeitig bietet dies reichlich Raum für schnelle Entscheidungen. Ein Nachteil ist die mangelnde Flexibilität. In Krisensituationen oder bei Veränderungen der Lage kann selten flexibel reagiert werden. Entscheidungen dauern dann umso länger. Außerdem gibt es sehr wenig Entfaltungsspielraum, sowohl für Mitarbeiter als auch für Führungskräfte.

Ein Beispiel:
Im Unternehmen A herrschen klare Regeln und Strukturen. Für nahezu jeden Ablauf gibt es eine festgelegte Reihenfolge der notwendigen Handlungen. Alle Mitarbeiter wissen genau, nach welchen Schritten sie zu handeln haben. Sie wissen auch, nach welchen Maßstäben sie Entscheidungen treffen. Teilweise bestehen festgeschriebene Regeln oder Checklisten, die die Mitarbeiter abarbeiten. Treffen genügend Punkte zu, bejahen sie eine Anfrage. Stimmen nicht genügend Punkte überein, müssen sie eine Anfrage ablehnen. Neue Ideen durchlaufen ebenfalls festgelegte Prozesse – angefangen bei der Art der Einreichung über die Entscheidungsfindung bis hin zur Umsetzung oder Ablehnung durch eine Führungskraft. Die Führung des Unternehmens A hat wenig Aufwand mit Gesprächen und Diskussionen, da alles innerhalb eines festgelegten Rahmens stattfindet.

Transaktionaler Führungsstil

Der transaktionale Führungsstil gilt als einer der modernen Führungsstile. Er ist geprägt von einem Austausch zwischen Leitung und Mitarbeitenden. Hier soll vor allem mit Lob reagiert werden, wenn die Mitarbeiter gute Arbeit leisten, aber auch mit Sanktionen, wenn Ziele nicht erreicht werden. Lob kann sich auch in Form von Belohnungen – beispielsweise Boni oder gemeinsame Aktivitäten – zeigen. Sanktionen können ebenfalls gemeinsame Veranstaltungen, Freiräume oder auch Feedback betreffen. Mitarbeiter sollen so positiv oder negativ motiviert werden, ihre Arbeit zu leisten. Eine regelmäßige Kommunikation über den Stand der Dinge ist häufig an der Tagesordnung. Dazu werden vermehrt Mitarbeitergespräche geführt. Gleichzeitig erwartet die Leitung auch, dass die Mitarbeiter auf sie zukommen, wenn sie Probleme oder Fragen haben. Der Vorteil dieses Führungsstils liegt darin, dass Mitarbeiter klare Anreize haben, ihre Ziele zu erreichen.

Gleichzeitig können Sanktionen jedoch auch schnell zu einem Motivationsverlust führen. Es besteht immer die Gefahr, dass Mitarbeiter sich durch Sanktionen ungerecht behandelt fühlen oder sich nicht trauen, Fehler einzugestehen. Teilweise werden Fehler dadurch nicht vermieden, sondern nur verschleiert.

Ein Beispiel:
Herbert Muster führt ein mittelständisches Unternehmen im transaktionalen Führungsstil. Er versucht, eine gute Kommunikation zwischen Mitarbeitern und Führung zu sichern. Der regelmäßige Austausch ist eines der Kernelemente seines Leitstils. Ab und zu delegiert er Aufgaben, er bespricht aber auch regelmäßig mit seinen Mitarbeitern die Sachlage. Liefern seine Teammitglieder gute Ergebnisse, werden sie mit ausreichend positivem Feedback belohnt. Ab und zu sorgt er auch für Belohnungen anderer Art, etwa durch ein gemeinsames Team-Dinner nach einem erfolgreich abgeschlossenen Projekt. Ist die Arbeit der Mitarbeiter jedoch nicht zufriedenstellend, kann es zu Sanktionen kommen. Herbert schreckt dabei nicht davor zurück, einzelne Mitarbeiter oder das ganze Team zu bestrafen, wenn zeitliche Rahmen nicht eingehalten wurden. So äußert er Kritik, lässt Team-Dinner ausfallen oder lässt Mitarbeitern beim nächsten Mal weniger Freiraum, bis sich die Arbeitsqualität wieder bessert.

TRANSFORMATIONALER FÜHRUNGSSTIL

Der transformationale Führungsstil gilt als einer der modernen Führungsvarianten. Auch diese Führung ist stark mitarbeiterorientiert. Hier steht jedoch nicht das gemeinsame Erreichen des Zieles, sondern vor allem das gegenseitige Vertrauen im Mittelpunkt. Die Führung versucht dabei, dem Team möglichst viel Vertrauen entgegenzubringen, erwartet im Umkehrschluss jedoch auch Vertrauen in die eigene Leitung. Mitarbeiter werden vorwiegend auf ihre Fähigkeiten und Bedürfnisse geprüft und entsprechend eingesetzt. Das soll nicht nur motivieren, sondern auch Loyalität versprechen. Der Vorteil ist, dass Mitarbeiter sich dadurch häufig tatsächlich motiviert fühlen und das Gefühl bekommen, dass ihre Fähigkeiten und Bedürfnisse gesehen und gehört werden. Allerdings stellt der Führungsstil sehr hohe Anforderungen an die Sozialkompetenz der Führungsperson. Schließlich muss diese nicht nur die Fähigkeiten, sondern auch die Bedürfnisse und Wünsche der Mitarbeiter sehen. Außerdem besteht die Möglichkeit, dass die Situation und die Umstände nicht immer gewährleisten, dass alle Mitarbeiter entsprechend ihren Bedürfnissen und Kenntnissen eingesetzt werden. Das wiederum kann frustrierend sein, sowohl für die Leitung als auch für die Mitarbeitenden.

Ein Beispiel:
Hermine Muster führt ein mittelgroßes Team im transformationalen Stil. Sie hat sich bestens mit ihren Mitarbeitern auseinandergesetzt und kennt deren Stärken und Schwächen gut. Da sie eine gute Menschenkenntnis besitzt, fällt ihr diese Aufgabe nicht schwer. Sie setzt ihre Mitarbeiter gezielt so ein, dass diese ihre Stärken bestmöglich einbringen können. Mitarbeiter, die besonders redegewandt sind, werden bei Präsentationen eingesetzt. Mitarbeiter, die digital-affin sind, werden Aufgaben erhalten, die mit dem Umsetzen neuer digitaler Lösungen zu tun haben. So kann Hermine die Stärken ihrer Mitarbeiter dort nutzen, wo sie am besten zur Geltung kommen. Innerhalb des jeweiligen Aufgabenfelds lässt sie den Mitarbeitern möglichst viel Freiraum. Gleichzeitig erwartet sie aber auch ausreichendes Vertrauen in ihre Handlungen und möchte möglichst wenig hinterfragt werden, wenn sie die Aufgaben einteilt.

Wie bereits erwähnt, gibt es immer wieder Situationen, in denen verschiedene Führungsstile notwendig werden. Wird der Führungsstil von Situation zu Situation variiert, wird von einer *situativen Führung* gesprochen. Dabei passt sich die Führungskraft den Gegebenheiten an, was vorteilhaft für alle Beteiligten sein kann. Es kann die Führungskraft allerdings auch überfordern, sich derartig flexibel an unterschiedliche Situationen und Bedürfnisse anzupassen. Es ist daher gut, sich ausgiebig mit allen Möglichkeiten zu befassen. Denken Sie stets darüber nach, dass es keinen führenden Führungsstil gibt. Welcher Stil sich am besten eignet, hängt stark davon ab, was die Situation und Umstände in Ihrem Unternehmen hergeben. Auch ist es davon abhängig, welchem Führungsstil Sie als Führungsperson folgen möchten. So können die Tradition in Ihrem Unternehmen, die Größe des Teams, die Motivation der Mitarbeiter und auch Ihre persönlichen Charaktereigenschaften einen großen Einfluss auf den Stil nehmen. Gehen Sie ruhig tief in sich hinein und überlegen Sie, welcher Stil am besten zu Ihnen passt und welcher Stil sich für Ihr Team eignet.

Wo haben Sie im Team Probleme und Schwierigkeiten?

Sind die Mitarbeiter motiviert oder könnten sie einen neuen Motivationsschub gebrauchen?

Wie flexibel können Sie derzeit in Krisen reagieren?

Solche und ähnliche Fragen können dabei helfen, herauszufinden, welche Nachteile Ihr bisheriger Führungsstil hat, aber auch, welche Vorteile er aufweist. Außerdem können sie dazu beitragen, herauszufinden, welcher Stil sich zukünftig vorrangig eignet. Beachten Sie, dass für unterschiedliche Charaktere in der Mitarbeiterschaft unterschiedliche Führungsstile notwendig sein können.

Während der eine Mitarbeiter hervorragend alleine in Eigenverantwortung arbeitet, braucht ein anderer deutlich mehr Struktur und Anweisung. Eine gute Leitung kann flexibel auf die Bedürfnisse ihrer Mitarbeiter eingehen. Da vieles auch davon abhängig ist, wie gut Mitarbeiter und Leitung kommunizieren, werden Sie im nächsten Abschnitt einiges über Kommunikation lernen.

5 Kommunikationstypen

Kommunikation ist eine der wichtigsten Aufgaben jeder Führungskraft. Gelungene Kommunikation kann einiges verändern. Viele Probleme entstehen überhaupt erst durch Missverständnisse und fehlgeleitete Kommunikation. Aber auch dort, wo Probleme bereits entstanden sind, können sie häufig mit dem richtigen Austausch gelöst werden. Menschen kommunizieren jedoch unterschiedlich. Viele haben bestimmte Gewohnheiten und Eigenschaften an sich, welche die Kommunikation ausmachen. Dabei lassen sich grob fünf Kommunikationstypen unterscheiden. Den eigenen Kommunikationstypen zu kennen, kann helfen, zu verstehen, welche Veränderungen möglicherweise vorgenommen werden sollten und wodurch Kommunikationsprobleme entstehen. Das Gleiche gilt für das Erkennen der Kommunikationstypen anderer. In diesem Abschnitt lernen Sie daher einiges über die unterschiedlichen Kommunikationstypen. Im Großen und Ganzen wird Ihnen die folgende Aufzählung dabei helfen, die verschiedenen Eigenarten und Varianten zu erkennen, und einen Einblick in die vielfältigen Kommunikationswege geben.

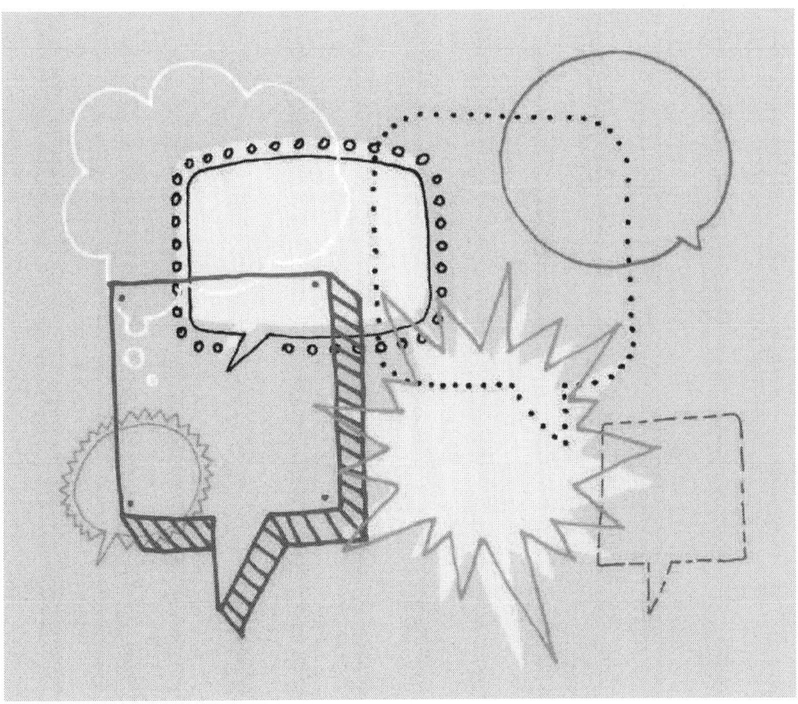

1. Der Beschwichtiger

Der erste Kommunikationstyp ist der sogenannte Beschwichtiger. Beschwichtiger besitzen in der Regel ein großes Einfühlungsvermögen. Sie sehnen sich nach Harmonie und agieren entsprechend. Der Beschwichtiger braucht die Anerkennung von anderen, da er häufig unsicher in seinem Handeln ist. Aus Angst, diese Anerkennung nicht zu erhalten oder zu verlieren, setzt er seine eigene Meinung daher häufig zurück. Er nutzt Formulierungen, die beschwichtigend wirken und vorsichtig sind. Dafür verwendet er häufig den Konjunktiv: „man könnte", „ich würde", etc. Häufig erkennen Sie den Beschwichtiger daran, dass er mit einer leisen Stimme und einer verschlossenen Körperhaltung kommuniziert. Alles in allem wirken diese Kommunikationstypen selten raumeinnehmend. Sie verlangen nicht nach großer Aufmerksamkeit und schon gar nicht, dass ihre Meinung durchgesetzt wird.
Die größte Schwäche des Beschwichtigers ist sein mangelndes Durchsetzungsvermögen. Die größte Stärke ist jedoch seine hohe Kompromissbereitschaft.

Ein Beispiel:
„Möglicherweise könnten wir die alte Strategie ein wenig abwandeln ..."

Typische Signalwörter für diesen Kommunikationstyp:

Konjunktiv: könnte, würde etc.
Möglicherweise
Vielleicht
Eventuell
Nur, beispielsweise „nur eine Idee", „nur mal kurz", „nur ein Gedanke"
Aber, beispielsweise „meine Meinung ist ... aber", „ich finde A besser, aber ...", „aber ich bin nicht sicher", „aber auf der anderen Seite"
Glauben, denken und andere Alternativen statt sein, beispielsweise „ich denke", „ich glaube", „ich finde" statt „es ist"

2. Der Ankläger

Der zweite der Kommunikationstypen ist der sogenannte Ankläger. Er besitzt ein sehr großes Durchsetzungsvermögen. Ganz im Gegensatz zu dem Beschwichtiger versucht dieser Kommunikationstyp stets, seinen eigenen Standpunkt zu vertreten und durchzusetzen. Er schreckt dabei nicht davor zurück, auch harte Worte zu finden. Häufig zeigt sich sein Verhalten sogar in einer herausfordernden, dominanten und teils aggressiven Art. Wenn es nötig ist, um sich durchzusetzen, schreckt er auch nicht davor zurück, andere niederzumachen. Häufig sind diese Kommunikationstypen bei Mitarbeitern und auch bei Führungskräften nicht besonders beliebt. Ebenfalls im Gegensatz zum Beschwichtiger handelt es sich hierbei um sehr dominante Personen mit einer lauten Stimme und einer dominanten Körperhaltung. Allerdings sind diese Personen ebenfalls sehr häufig nicht so selbstbewusst, wie sie rüberkommen. Viele Ankläger versuchen, fehlendes Selbstbewusstsein oder sogar Minderwertigkeitsgefühle mit einer lauten Art zu kompensieren. Dies lässt sich nur auf privater Ebene feststellen und auf den ersten Eindruck oder im Berufsalltag nicht immer erkennen.

Die größte Stärke des Anklägers ist das Durchsetzungsvermögen. Die größte Schwäche dieses Typs ist jedoch das teils aggressive Verhalten. „Strategie A braucht definitiv Veränderungen. Wir müssen die Punkte A und B komplett streichen."

Typische Signalwörter und -phrasen lauten:

Auf jeden Fall
Es ist so
Definitiv
Absolut
Klares Nein
Klares Ja
Das stimmt nicht, das ist gelogen, das ist nicht der Fall

3. Der Rationalisierer

Der Rationalisierer versucht stets, eine rationale Lösung für Konflikte und Probleme zu finden. Er ist stets bemüht, sich emotional von den Konfliktsituationen zu lösen und Stressmomente zu vermeiden. In der Regel agiert er reserviert und kann sogar kühl wirken. Eine persönliche Seite zeigt er nur selten. Er stützt Argumentationen auf Fakten, Zahlen und logische Begründungen und Korrektheit. Emotionale Argumente lässt er meist außen vor. Er vermeidet Dialoge und hält lieber ausführliche Reden, in denen er ausgiebiges Wissen präsentiert. Nicht selten fühlt er sich durch sein vermeintliches Wissen anderen überlegen. Der Rationalisierer redet häufig mit monotoner Stimme und distanziert sich eher von anderen im Team.

Seine größte Schwäche ist die emotionale Distanz. Seine größte Stärke ist die Fähigkeit, sich in Stresssituationen emotional distanzieren zu können und einen Blick für logische Lösungen zu behalten.

Ein Beispiel:
„Wir reagieren alle gerade etwas emotional. Die Situation ist auch für mich nicht schön. Fakt ist jedoch, dass unsere Strategie beim letzten Mal nicht funktioniert hat. Wir müssen also analysieren, ob die Strategie verändert werden muss oder ob wir anderweitige Probleme finden."

Typische Signalwörter und -phrasen für diesen Kommunikationstyp sind:

Fakt ist

Der Punkt ist

Logischerweise

Betrachtet man die Zahlen

Rational betrachtet

Aufgrund von A, B, C ...

Was wir sicher wissen, ist, ...

Die Ergebnisse zeigen

4. Der Ablenker

Ablenker sind spontan und flexibel. Allerdings versuchen sie in vielen Fällen, um jeden Preis Aufmerksamkeit zu gewinnen. Das bedeutet, dass der Ablenker in Gesprächen häufig und schnell die Themen wechselt, wenn er das Gefühl hat, nicht ausreichend Aufmerksamkeit zu erhalten. Er kann dabei sogar ignorant wirken, weil er Themen wechselt, bevor sie beendet wurden oder andere ausreichend zu Wort gekommen sind. Kommunikation ist durch sein ausweichendes und abschweifendes Verhalten oft nicht einfach. Ablenker wechseln häufig auch Themen, wenn sie keine Argumente mehr haben oder kein ausreichendes Wissen, um die Unterhaltung fortzuführen. Werden sie nach mehr Argumenten, alternativen Lösungsvorschlägen oder Fakten gefragt, die sie nicht kennen, geben Ablenker in der Regel nur ausweichende Antworten. Die Sprache dieses Kommunikationstyps ist gekennzeichnet von schnellem, hektischem und unkoordiniertem Reden. Durch seine ständigen Themenwechsel kommt er nicht zum Punkt und trägt eher nicht zur Lösung eines Problems bei.

Die größte Schwäche dieses Kommunikationstyps ist das abschweifende Verhalten. Seine größte Stärke ist jedoch die Fähigkeit, spontan und flexibel zu reagieren und in neue Themen einzutauchen.

Ein Beispiel:
„Letztes Mal lief nicht so wie gewollt und vielleicht gibt es Verbesserungspotenzial in der Strategie – dann wiederum, wo gibt es das nicht? Haben Sie gewusst, dass in X % der Unternehmen auf allen Ebenen Verbesserungspotenzial zu finden ist? Interessanterweise am häufigsten in den Themengebieten A und B ..."

Typische Signalwörter und -phrasen lauten:

Übrigens
Egal
Nebenbei
Habe ich schon einmal erwähnt ...?
Generell ausweichende Antworten und inhaltslose Phrasen

5. Der kongruente Typ

Der kongruente Typ stellt den nahezu *idealen* Kommunikationsstil dar. Bei diesem Typ stimmen sowohl die Körpersprache und Mimik als auch die verbalen Äußerungen überein. Seine Mitmenschen wissen stets, wie er sich fühlt, da er dies klar kommunizieren kann. Er verhält sich überwiegend respektvoll und freundlich anderen gegenüber. Auch in Stresssituationen kann er seine Meinung und Gefühle klar äußern, ohne andere dabei zu verletzen. Er ist durchschnittlich durchsetzungsfähig, kann hinter einem Standpunkt stehen, aber auch Kompromissbereitschaft zeigen. Dieser Kommunikationstyp beinhaltet zahlreiche Aspekte, die gerade für Führungskräfte erstrebenswert sind. Typische Anzeichen für diesen Typ sind wertschätzende und klare Worte.

Ein Beispiel:
„Wir haben alle unser Bestes gegeben. Dennoch müssen wir zugeben, dass die Punkte A und B Verbesserungspotential aufweisen. Wir wollen uns darauf fokussieren, diese Punkte nächstes Mal auszubauen.“

Test: Welcher Kommunikationstyp bin ich?

Testen Sie sich selbst mit den folgenden Fragen:

1. Wie begegne ich Menschen im Berufsalltag?

a) Ich begegne Ihnen möglichst vorsichtig und versuche, Harmonie aufzubauen.

b) Ich begegne Ihnen offen und ehrlich und interessiere mich für sie.

c) Solange mir niemand negativ begegnet, interessiere ich mich wenig für sie, bleibe aber freundlich.

d) Ich bin höflich, sachlich und professionell.

e) Ich interessiere mich wenig für sie, scheue aber auch keine Konfrontation.

2. Kann ich eigene Ideen gut einbringen?

a) Ideen formuliere ich möglichst vorsichtig. Das Durchsetzen fällt mir daher schwer.

b) Ich kann eigene Ideen sehr gut einbringen, bin aber auch offen für die von anderen.

c) Ob und wie gut ich Ideen einbringe, hängt von der Situation und meiner Laune ab.

d) Neue Ideen kann ich sehr gut mit klaren Worten einbringen. Ich untermauere meine Ideen stets mit Fakten.

e) Ja, es fällt mir sehr leicht, eigene Ideen einzubringen und auch durchzusetzen.

3. Wie löse ich Konflikte?

a) Ich nehme mir alle Seiten zu Herzen und versuche, einen Mittelweg zu finden.

b) Ich höre mir alle Seiten an und versuche, eine Lösung zu finden, die für das Unternehmen oder das Team das Beste ist.

c) Wenn ich kann, halte ich mich möglichst raus.

d) Ich recherchiere alle Zahlen und Fakten rund um das Thema und kann so den Teilnehmern an der Diskussion präsentieren, was logisch die beste Lösung ist.

e) Ich diskutiere so lange, bis ich meine Meinung durchsetzen kann.

4. Wie gehe ich mit negativem Feedback um?

a) Ich entschuldige mich und versuche, die Harmonie wiederherzustellen.

b) Ich bedanke mich für das Feedback und überprüfe für mich, was davon stimmt und was ich verbessern kann.

c) Ich versuche, rechtfertigende Worte zu finden und möglichst bald vom Kern abzulenken.

d) Ich überprüfe das Feedback anhand klarer Faktoren und Zahlen.

e) Ich zeige meinem Gegenüber auch dessen Fehler auf. Schließlich sind wir bereits beim Austausch von negativem Feedback.

5. Wie gebe ich negatives Feedback?

a) Ich versuche, es sehr vorsichtig zu formulieren und stets auch positives Feedback mitzugeben.

b) Ich bleibe ehrlich in meinem Feedback, verwende aber eine möglichst positive Sprache.

c) Negatives Feedback gebe ich nur, wenn ich muss und um von mir selbst abzulenken. Gerne wechsele ich danach schnell das Thema.

d) Ich untermauere das Feedback mit Statistiken und Beweisen.

e) Ich bin ehrlich und direkt. Wer kein negatives Feedback verträgt, ist in der Arbeitswelt fehl am Platz.

6. Worauf basieren meine Argumentationen?

a) Auf Kompromissen und Ideen, die den meisten Beteiligten gerecht werden.

b) Auf sinnvollen Überlegungen und innovativen Ideen.

c) Ich verbringe möglichst wenig Zeit mit der echten Argumentation und lenke das Thema schnell wieder auf etwas Angenehmeres.

d) Auf klaren Zahlen und logischen Fakten.

e) Auf klaren Worten und unmissverständlichen Meinungen. Ich scheue nicht davor zurück, Fehler anderer aufzuzeigen.

7. Wie verhalte ich mich in Gruppendiskussionen?

a) Ich versuche stets, die Harmonie aufrechtzuerhalten. Kompromisse zu finden, ist meine größte Stärke in einer Gruppendiskussion.

b) Ich versuche stets, allen Mitgliedern Gelegenheit zu geben, sich zu äußern. Ich lasse stets jeden ausreden, bringe aber auch gerne eigene Ideen ein.

c) Ich halte mich weitgehend raus und versuche, das Thema zu wechseln, sobald es für mich unangenehm wird.

d) Ich sorge dafür, dass jeder einen Überblick über die Fakten hat. Über klare Zahlen und Statistiken lässt sich nicht streiten.

e) Ich halte mich nicht mit meiner Meinung zurück und wehre mich gegen jeden, der eine andere durchsetzen möchte.

Die Auflösung:

Überwiegend A = der Beschwichtiger

Überwiegend B = der kongruente Typ

Überwiegend C = der Ablenker

Überwiegend D = der Rationalisierer

Überwiegend E = der Ankläger

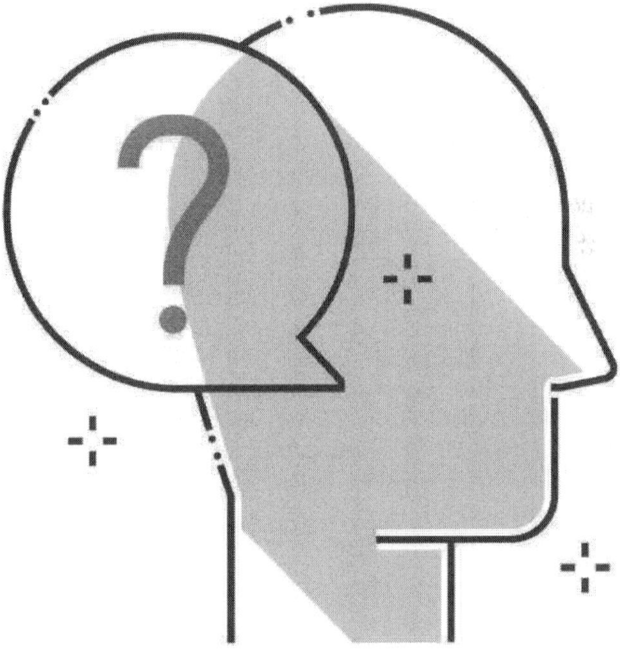

Die Rolle der Führungskraft

Wie bereits erwähnt, kann die Rolle der Führungskraft unterschiedlich aussehen. Dabei muss eine Leitung sogar flexibel zwischen verschiedenen Rollen hin und her wechseln können. Wie genau sich die Rolle der Führungskraft definiert, hängt auch von der jeweiligen Leitungsperson ab. In diesem Kapitel lernen Sie die Elemente der Führungsrolle kennen. Ihnen soll nahegelegt werden, wie Sie am besten herausfinden, welche Führungspersönlichkeit Sie sein können. Dabei werden Sie sich vor allem mit Ihrer persönlichen Selbstwahrnehmung sowie auch mit der Wahrnehmung von außen befassen müssen. Realistisches Reflektieren ist hierbei ein wichtiger Aspekt.

Das Selbstbild entscheidet

Das Selbstbild entscheidet erheblich darüber, wie Sie als Leitung auftreten. Wie Sie sich wahrnehmen oder wahrgenommen werden möchten, ist schließlich die Basis Ihrer Führung. Welche Werte und Vorstellungen möchten Sie vermitteln? Welche Art Chef möchten Sie sein? Wie viel Freiraum möchten Sie den Mitarbeitern gewähren? Mit welchen Stärken und Schwächen sehen Sie sich im Rahmen Ihrer Leitungskompetenz?

Der Einfluss Ihrer Selbstwahrnehmung

Sie können Werte und Moralvorstellungen besser vermitteln, wenn Sie von diesen überzeugt sind. Auf der anderen Seite kann ein positives Selbstbild auch ein angenehmes Selbstbewusstsein im Auftreten mit sich bringen. Sind Sie von Ihrer Führungsqualität nicht überzeugt, können Sie Ihre Mitarbeiter nur schwer mitreißen. Sind Sie hingegen zu sehr von sich überzeugt und können sich keine Fehler eingestehen, wird dieses Selbstbild wahrscheinlich für einen arroganten Auftritt sorgen. Daher ist es wichtig, sich immer intensiv mit sich zu befassen. Ein realistisches, positives Selbstbild muss auch Schwächen und Fehler eingestehen können. Sie müssen also in der Lage sein, sich möglichst realistisch einschätzen zu können. Auf die Art können Sie auch an Ihren eigenen Fehlern arbeiten. Wenn Sie wissen, wo Ihre Schwächen in der Leitung liegen, können Sie sie verbessern. Sie können außerdem dafür sorgen, dass Strukturen geschaffen werden, die diese Schwächen oder bestimmte Vorlieben ausgleichen.

Nehmen wir an, Sie sind kein durchsetzungsfreudiger Mensch. Womöglich mögen Sie es nicht, alle Entscheidungen alleine zu treffen. Einige Personen sind nicht durchsetzungsfähig, weil sie nicht genug Selbstvertrauen haben. Manche Menschen scheinen jedoch nur deshalb nicht durchsetzungsfreudig, weil es schlichtweg ihrer Überzeugung entspricht, dass die meisten Entscheidungen durch Abstimmung und Konsens in der Gruppe getroffen werden sollten. Entspricht dies ihrer Überzeugung, können Sie dafür sorgen, dass mehr Entscheidungen im Miteinander getroffen werden als von Ihnen. Gewähren Sie Ihren Mitarbeitern ruhig mehr Freiraum und Entscheidungsspielraum. Können Sie sich selbst dahingehend ausreichend einschätzen, wird es Ihnen auch leichter fallen, einen Führungsstil zu wählen, der zu Ihnen passt, und entsprechende Strukturen zu schaffen. So eignet sich für Sie im Kontext dieses Beispiels der partizipative Führungsstil besser als der autoritäre.

Das Selbstbild hat auch deshalb einen großen Einfluss auf Ihren Führungsstil, weil Sie Moral und Wertvorstellungen am besten vermitteln, indem Sie diese vorleben. Das gilt für private Moralvorstellungen genauso wie für eine

Arbeitsmoral. Sind Sie davon überzeugt und leben Sie die Werte, die Sie von Ihren Mitarbeitern verlangen, wird dies meist auch besser angenommen. Sind Sie davon nicht überzeugt, kann sich das auch in Ihrer Ausstrahlung bemerkbar machen. Das Gleiche gilt, wenn Sie das Gefühl haben, etwas zu verheimlichen oder anderen etwas vorzumachen. Die wenigsten Menschen sind so gute Schauspieler, dass sie Werte nach außen ausstrahlen können, die sie im Inneren gar nicht fühlen. Wissen Sie, dass Sie dazu neigen, Aufgaben wochenlang unerledigt liegen zu lassen und generell keine gute Arbeitsmoral an den Tag legen, würde es Ihnen wahrscheinlich schwerfallen, sich bei Ihren Mitarbeitern durchzusetzen.

Hier ein paar Tipps, mit denen Sie Ihre Selbstwahrnehmung überprüfen:

1. Erfahrungen realistisch einzuschätzen, ist eine hohe Kunst. Viele Menschen trauen sich aufgrund besonders viel Erfahrung deutlich mehr zu, als sie tatsächlich schaffen. Häufig wird viel Erfahrung auch sehr unterschiedlich eingeschätzt. Was *viel* ist, hängt häufig davon ab, mit wem wir uns vergleichen. Ein Vergleich mit verschiedenen Gruppen kann daher vorteilhaft sein.

2. Ein reflektierender Blick auf vorangegangene Projekte und Leistungen hilft, die eigene Selbstwahrnehmung zu überprüfen. Überlegen Sie sich dafür zunächst, wie Sie Ihre Selbstwahrnehmung einschätzen. Glauben Sie, Sie können sich realistisch einschätzen? Dann vergleichen Sie das, was Sie von sich erwarten, mit dem, was Sie tatsächlich in der Vergangenheit bereits geleistet haben. Dafür ist vor allem die jüngste Vergangenheit wichtig. Ihr jetziger Leistungsstand ist schließlich deutlich von dem von vor 10 Jahren zu unterscheiden.

3. Holen Sie sich Feedback von vertrauten Menschen ein. Machen Sie sich zunächst Gedanken über Ihre Selbstwahrnehmung. Sprechen Sie darüber mit einem oder zwei Menschen, die Sie besonders gut kennen. Dadurch können Sie überprüfen, wie realistisch Ihre Einschätzung ist. Achtung: Unterscheiden Sie hierbei unbedingt zwischen der Selbst- und der Fremdwahrnehmung.

4. Stellen Sie sich selbst häufig Warum-Fragen. Damit überprüfen Sie stets Ihre eigene Motivation, Gefühle und Gedanken.

Die Selbstwahrnehmung hat einen großen Einfluss auf Ihre Arbeitsmoral. Sich häufig zu überprüfen, kann niemals schaden. Im folgenden Abschnitt lernen Sie einige Tipps und Tricks kennen, wie dies gelingen kann.

Wie gut kennen Sie sich selbst?

Wie sehen Sie sich selbst? Dies ist sicherlich keine Frage, die sich leicht beantworten lässt. Dennoch ist es wichtig, sich mit dieser Thematik zu beschäftigen. Verschiedene Führungsstile haben Sie im oberen Kapitel bereits kennengelernt. Auch haben Sie sich mit diversen Kommunikationstypen befasst. Möglicherweise haben Sie in beiden Kapiteln bereits einige Aspekte kennengelernt, die Ihnen gefallen oder nicht gefallen. Wahrscheinlich haben Sie auch den einen oder anderen Ihrer eigenen Charakterzüge wiedererkannt.

Jetzt geht es darum, zu lernen, wie Sie ein realistisches Selbstbild aufbauen. Stellen Sie sich hierzu die nachfolgenden Fragen:

Wie gut kennen Sie sich wirklich und wie sicher sind Sie im Reflektieren?

Denken Sie, dass Sie in der Regel sehr gut in der Lage sind, Ihr eigenes Verhalten kritisch zu beleuchten?

Können Sie Ihr eigenes Verhalten rückwirkend hinterfragen?

Es gibt eine Reihe von Übungen, die Sie unternehmen können, um festzustellen, welches Selbstbild Sie haben. Wenn Sie sich spontan fragen, ob Sie sich selbst kennen, würden Sie die Frage wahrscheinlich bejahen. Fragt Sie jemand aber nach einer detaillierten Beschreibung Ihrer Persönlichkeit, fällt Ihnen dies möglicherweise gar nicht so leicht. Daher lernen Sie hier einfache Methoden kennen, die Sie dabei unterstützen, sich intensiver mit sich selbst zu befassen.

Starten Sie mit einer einfachen Schreibübung: Beschreiben Sie, was für ein Mensch Sie sind. Die folgenden Fragen können Ihnen dabei helfen:

Was ist meine größte Stärke?

In welcher Situation konnte ich diese Stärke bereits zeigen?

Was ist meine größte Schwäche?

In welcher Situation hat sich diese Schwäche besonders bemerkbar gemacht?

Welche drei positiven Charaktereigenschaften treffen am meisten auf mich zu?

In welchen Situationen konnte ich diese Eigenschaften zeigen?

Welche drei negativen Charaktereigenschaften treffen am meisten auf mich zu?

In welchen Situationen haben sich diese Punkte bemerkbar gemacht?

Was mache ich gerne in meiner Freizeit? Worin finde ich Freude?

Warum gefallen mir diese Aktivitäten?

Welche Aktivitäten gefallen mir gar nicht?

Warum gefallen mir diese Aktivitäten nicht?

Mit welcher Art Menschen umgebe ich mich gerne?

Welche Eigenschaften an meinen Freunden mag ich besonders?

Gibt es ein Lebensmotto, mit dem ich mich identifizieren kann?

Welche Werte sind mir in einer romantischen Beziehung besonders wichtig?

Habe ich mich immer an diese Werte gehalten?

Welche Werte sind mir in anderen zwischenmenschlichen Beziehungen wichtig? Habe ich mich immer an diese Werte gehalten? Gibt es Beispiele für Situationen, in denen ich diese Werte nicht eingehalten habe?

Welche politischen Überzeugungen habe ich? Inwiefern stehen diese politischen Überzeugungen mit privaten Moralvorstellungen in Verbindung?

Was motiviert mich im Leben?

Was motiviert mich bei der Arbeit?

Welche Ziele habe ich für meinen Karriereweg?

Worauf möchte ich mit einem Team hinsteuern?

Was sind meiner Meinung nach die drei wichtigsten Fähigkeiten einer Führungskraft? Warum sind gerade diese drei Eigenschaften wichtig?

In welchen Situationen würden sich diese drei Eigenschaften bemerkbar machen?

Welche Eigenschaft beziehungsweise Eigenschaften sollte eine Führungskraft nicht an den Tag legen? Warum halte ich diese Eigenschaften für hinderlich?

In welchen Situationen würden sich solche Eigenschaften bemerkbar machen? Inwieweit würden sie die Situation verschlechtern?

Was glaube ich, wie mich Kollegen und Kolleginnen wahrnehmen? Gefällt mir diese Wahrnehmung? Welche Eigenschaften würde ich gerne ändern?

Was glaube ich, wie mich Menschen aus meinem privaten Umfeld erleben? Gefällt mir dieser Eindruck? Inwieweit würde ich Ihren Eindruck gerne verändern?

Wofür habe ich im Leben wahrscheinlich die meisten Komplimente bekommen? Teile ich den Eindruck dieser Wahrnehmung? Ist es mir leichtgefallen, die Komplimente anzunehmen? Wenn Nein, warum nicht?

Wofür würde ich gerne mehr Komplimente im Leben bekommen?

Wofür habe ich im Leben schon häufig Kritik erhalten? Kann ich diese Kritik einsehen? Wenn Nein, warum nicht?

Gibt es Lehren oder Wertvorstellungen, die mir im Kindesalter von Erwachsenen, beispielsweise Lehrern oder Eltern, vermittelt worden und einen starken Eindruck hinterlassen haben?

Wie ist meine Einstellung zu Geld und Erfolg?

Wie ist meine Einstellung zu einer Work-Life-Balance?

Welchen Stellenwert nimmt der Beruf in meinem Leben ein? Welchen Stellenwert nimmt mein Privatleben ein?

Welche Menschen haben mich in meinem Leben am meisten beeinflusst? Waren die Einflüsse überwiegend positiv oder negativ?

Was hätte ich gerne im Leben gelernt?

Indem Sie sich solche und ähnliche Fragen stellen, könnten Sie sich näher mit Ihrem Selbstbild befassen. Es kann sich aber auch auszahlen, die Fragen zunächst schrittweise abzuarbeiten und dann in ihrer Gesamtheit zu analysieren. Schauen Sie, welches Bild sich ergibt. Stellen Sie sich vor, Sie würden eine andere Person beschreiben. Das mag Ihnen leichter fallen, als über sich selbst zu schreiben. Die Verschriftlichung hilft Ihnen übrigens, sich alle Details genau vor Augen zu führen. Sie prägen sich diese genauer ein. Außerdem hat die Verschriftlichung den Vorteil, dass Sie stets zu dieser Beschreibung zurückkommen können. Das kann in späteren Phasen Ihrer Karriere durchaus hilfreich sein, um Ihren Weg zu reflektieren und zu überprüfen, welche Vorstellungen und Eigenschaften sich verändert und entwickelt haben.

Investieren Sie Zeit darin, sich selbst kennenzulernen – es wird sich auszahlen. Schließlich liefert ein gutes Selbstverständnis die Basis für alle weiteren Führungsfähigkeiten.

Vom Tagebuch zur Meditation – Anregungen, um Zeit mit sich selbst zu verbringen

Eine einfache Idee, die allerdings einen längeren Zeitraum erfordert, ist das Führen eines Tagebuches. Die Methode wird auch als Journaling bezeichnet. Im Grunde heißt das nichts anderes, als ein Tagebuch zu führen, in dem Gedanken aufgeschrieben werden. Indem Sie routiniert aufschreiben, was Sie beschäftigt, worüber Sie sich Gedanken oder möglicherweise auch Sorgen machen, lernen Sie Ihr Innenleben immer besser kennen und verstehen. Falls Sie am Anfang nicht ganz sicher sind, worüber Sie schreiben sollen, können Sie einige der oben genannten Fragen als sogenannte *Writing Prompts*, also als Anregungen, nutzen. Machen Sie es am besten zu einer Routine, jeden Tag oder jeden zweiten Tag zu schreiben. Viele Menschen bauen so eine Routine in ihren Morgen oder Abend ein. Setzen Sie sich am Morgen als Erstes mit der ersten Tasse Tee oder Kaffee hin und schreiben Sie Ihre Gedanken nieder. Sie können sich dafür so viel Zeit nehmen, wie Sie möchten. Schon fünf Minuten helfen, ein bisschen in sich hineinzutauchen. Das Gleiche gilt für die Umsetzung am Abend. Nehmen Sie sich fünf bis zehn Minuten Zeit, um Ihre Gedanken niederzuschreiben. Was hat Ihnen am heutigen Tag besonders gefallen?

Was war Ihr größter Erfolg heute? Was sollte morgen besser laufen? Worauf freuen Sie sich am morgigen Tag? Welche Sorgen haben Sie sich heute gemacht?

Auch Meditation und andere Übungen wie Yoga oder Tai-Chi können dabei helfen, mehr mit sich selbst in Kommunikation zu treten. Viele Menschen verfolgen derartige Praktiken regelmäßig im Alltag. Ob dies etwas für Sie ist, erfahren Sie, indem Sie es ausprobieren. Meditationen müssen nicht lange dauern – Sie können schon mit kurzen dreiminütigen Einheiten beginnen. Heutzutage gibt es viele Sportzentren und Yoga-Lehrer, die kostenlose oder vergünstigte Schnupperstunden bieten. Auch online gibt es zahlreiche Hilfestellungen, Videos, Apps und Ressourcen, die Ihnen einzelne Praktiken und Techniken nahebringen. Dazu gehören Videos über Yoga-Praktiken. Für viele Entspannungsmethoden und Kurse muss niemand mehr ins Fitnessstudio gehen. Viele Trainer bieten heutzutage eine Reihe von kostenlos verfügbaren Videos online an. Einige von ihnen besitzen ihre eigenen Apps, mit denen regelmäßige Yoga-Übungen studiert werden können. Auch Apps für Meditationen gibt es zuhauf. Wer es lieber etwas traditioneller mag, greift auf Bücher zurück. Daneben gibt es eine Reihe von meditativen Playlists auf zahlreichen Musikapps. Auch diese können dafür sorgen, dass eine ruhige Atmosphäre geschaffen wird, in der Sie bestens mit sich selbst kommunizieren können. Das Gleiche gilt für Atemübungen. Probieren Sie gerne verschiedene Ressourcen aus. Für jeden funktioniert etwas anderes.

Ein anderer Weg führt über inspirierende Persönlichkeiten. Haben Sie Vorbilder im Leben? Haben Sie vielleicht sogar Vorbilder, die sich speziell auf den Beruf fokussieren? Was macht diese Menschen zu Ihren Vorbildern? Befassen Sie sich ausgiebig mit ihnen. Welche Eigenschaften mögen Sie? Welche Eigenschaften sehen Sie in sich selbst bereits? Welche Eigenschaften würden Sie gerne übernehmen? Bleiben Sie dabei aber auch kritikfähig. Was gefällt Ihnen nicht so gut an Ihrem Vorbild? Warum nicht? Wer sich mit Vorbildern oder Leuten, die Inspiration bieten, beschäftigt, kann dabei ebenfalls viel über sich selbst lernen. Sie geben uns einen Eindruck davon, was wir gerne sein wollen, und vielleicht auch davon, was wir zum Teil schon in uns selbst sehen. Sie repräsentieren das, was wir uns als Fremdwahrnehmung wünschen.

Um ein realistisches Selbstbild zu pflegen, müssen Sie offen für Kritik und Feedback bleiben. Sie müssen nämlich in der Lage sein, Ihr eigenes Handeln zu reflektieren. Das bedeutet, dass Sie sich teilweise auch selbst hinterfragen müssen. Warum haben Sie so gehandelt, wie Sie gehandelt haben?

Können Sie verstehen, dass andere Menschen mit Ihrem Handeln unzufrieden waren? Wie würden Sie sich in der Position des anderen fühlen? Was hätten Sie verbessern können? Das Reflektieren können Sie am besten im Alltag üben. Fragen Sie sich zum Beispiel nach einer Krisensituation, nach einer hitzigen Diskussion oder einem Streit, wie Sie in der Situation reagiert haben.

Nachdem Sie etwas Abstand von der Situation genommen haben, können Sie mit einem etwas neutraleren Blick auf die Situation zurückschauen. Alternativ können Sie auch einen Außenstehenden bitten, ein Urteil abzugeben. Berichten Sie hierzu von einem Streitgespräch, in dem Sie Ihr Verhalten reflektieren möchten. Aber Achtung, Ihr Freund könnte natürlich vorurteilsbehaftet sein. Daher ist es wichtig, dass Sie die Lage so neutral und sachlich wie möglich vermitteln. Stellen Sie sich vor, Sie schreiben einen Report. Erzählen Sie möglichst nur die Fakten. Geben Sie keine emotionalen Wertungen. Geben Sie den beteiligten Personen Decknamen oder nennen Sie sie einfach Person A und Person B, um Vorurteile zu vermeiden. Erhalten Sie neutrales Feedback, können Sie im Anschluss in Ruhe über das Gesagte nachdenken und Ihr eigenes Verhalten kritisch beleuchten.

Selbstverständnis auf den Punkt gebracht

Sich mit sich selbst zu befassen, ist ein Prozess, der einen längeren Zeitraum in Anspruch nimmt. Sie werden nicht von heute auf morgen lernen, reflektiert zu sein, und Sie werden sich auch nicht bis ins letzte Detail kennenlernen. Allein schon, weil das Leben immer wieder Veränderungen mit sich bringt, werden Sie immer wieder neue Dinge über sich lernen. Wenn Sie es allerdings zur Gewohnheit machen, sich immer wieder kritisch mit sich selbst zu befassen und zu überlegen, ob Sie da sind, wo Sie sein möchten, kann dies eine sehr vorteilhafte Gewohnheit im Berufsalltag und auch im Privatleben werden.

Selbst- und Fremdwahrnehmung

Neben der Selbstwahrnehmung sollten Sie sich auch intensiv mit der Wahrnehmung von außen befassen. Dies ist die sogenannte Fremdwahrnehmung. Die Selbstwahrnehmung kann sich von der Fremdwahrnehmung nicht unerheblich unterscheiden. Idealerweise sollten Sie als Leitung dazu in der Lage sein, überwiegend einschätzen zu können, wie Sie von außen wahrgenommen werden. Das bedeutet keineswegs, dass sich Ihre Fremdwahrnehmung mit der Selbstwahrnehmung decken muss. Es ist möglich, eine realistische Selbstwahrnehmung zu haben, die sich anders als die Fremdwahrnehmung gestaltet. Dies klingt komplizierter, als es ist.

Ein einfaches Beispiel:
Sagen wir, Sie sind ein fröhlicher Mensch. Sie verspüren selten schlechte Laune und sind positiv eingestellt. Sie wissen, dass Sie zu den überdurchschnittlich positiven Menschen gehören. Allerdings gehören Sie nicht zu den Menschen, die ihre Gefühle stets nach außen tragen. Bei der Arbeit haben Sie ein ernstes, seriöses Gesicht. Dabei fühlen Sie sich innerlich dennoch fröhlich. Ein ernstes Gesicht kann von außen schnell als gestresst, unzufrieden oder wütend wahrgenommen werden. Auch darüber sind Sie sich völlig im Klaren. Zusammengefasst: Sie kennen Ihr Innenleben gut. Das bedeutet, Sie haben eine realistische Selbstwahrnehmung. Gleichzeitig sind Sie sich auch vollkommen darüber im Klaren, dass die Außenwahrnehmung nicht unbedingt damit übereinstimmt. Sie haben sowohl eine realistische Selbstwahrnehmung als auch eine realistische Außenwahrnehmung, obwohl Sie wissen, dass die beiden Wahrnehmungen sich nicht decken.

Ein zweites Beispiel:
Sagen wir, Sie haben ein durchschnittliches Selbstbewusstsein. Sie sind nicht übertrieben arrogant oder überheblich, wissen Ihre Stärken und Schwächen sicher einzuschätzen. Sie fühlen sich wohl im Kreise anderer Menschen, hören aber lieber zu, als zu reden. Daher schweigen sie relativ viel. Ihr Schweigen kann von außen unterschiedlich interpretiert werden. Viele Menschen interpretieren Schweigen als Schüchternheit oder Arroganz. Da Sie durch Ihre Zurückhaltung schnell als schüchtern eingestuft werden können, wissen Sie, dass Ihre Fremdwahrnehmung nicht unbedingt Ihrem Innenleben entspricht. Auch hier kennen Sie sowohl die Selbstwahrnehmung als auch die Fremdwahrnehmung und sind sich völlig darüber im Klaren, dass beide nicht übereinstimmen.

Persönliche Werte verkörpern

Unabhängig von Führungsstil und Kommunikationstyp ist eine Eigenschaft ganz entscheidend: Authentizität. Wer die eigenen Werte und seine Persönlichkeit nach außen widerspiegelt, hat deutlich mehr Erfolg in der Kommunikation und generell in der Arbeitswelt als jemand, der versucht, etwas darzustellen, was er nicht ist. Gerade deshalb ist es so wichtig, dass Sie sich Ihrer selbst bewusstwerden. Dabei dürfen Sie nicht vergessen, wie Ihr Handeln von außen wirken kann und dass die Außenwahrnehmung durchaus eine andere als die Innenwahrnehmung sein kann. Halten Sie sich nicht damit zurück, persönliche Werte zu verkörpern.

Ein einfaches Beispiel:
Wer immer wieder davon predigt, Wert auf Umweltschutz zu legen, sollte sich auch selbst an bestimmte Grundsätze im Arbeitsumfeld halten. Dies darf gerne auch so geschehen, dass es für alle sichtbar ist. Bringen Sie Ihren morgendlichen Kaffee aus Ihrem Lieblingscafé in einem Mehrwegbecher mit. Sorgen Sie für eine angemessene Mülltrennung. In solchen und vielen anderen Alltagssituationen wird sichtbar, welche persönlichen Werte eine Person verkörpert. Dies gilt umso mehr für Eigenschaften, die in der Arbeit wichtig sind.

Bedenken Sie, dass Ihre persönlichen Wertvorstellungen und Wünsche miteinander in Konflikt stehen können. Ein sehr häufig auftretender Konflikt ist der zwischen „Ich will gemocht werden“ und „Ich will einen guten Job machen“. Wie bereits erwähnt, kann es manchmal vorkommen, dass Sie als Leitung Entscheidungen treffen müssen, die unbequem sind. Sie müssen sich möglicherweise über demokratische Abstimmungen hinwegsetzen oder Ideen ablehnen, die von Ihren Mitarbeitern gern gesehen waren. Manchmal werden Sie eine schnelle Entscheidung treffen müssen, ohne Ihre Mitarbeiter dabei anhören zu können. Das ist vor allem in Krisensituationen der Fall. In diesen Situationen geht es darum, einen guten Job als Führungsposition zu machen. Dabei kann es durchaus vorkommen, dass Ihre Mitarbeiter Sie in diesen Momenten scheinbar nicht so gerne mögen. Noch extremer sieht es natürlich aus, wenn Sie Mitarbeiter reduzieren und entlassen müssen. Unter Umständen werden Sie auch Strukturveränderungen vornehmen, die unbequem für die Mitarbeiter erscheinen, aber positiv für das Unternehmen sein werden. In all solchen Situationen ist es wichtig, einen kühlen Kopf zu bewahren und sich daran zu erinnern, dass nicht immer alle Ihre Wünsche miteinander Hand in Hand gehen. Sie dürfen sich dabei jedoch auch gerne daran erinnern, dass langfristig ein guter Job in der Position der Leitung auch die Motivation der Mitarbeiter und den Erfolg des Unternehmens sichern wird. Fokussieren Sie sich daher nach Möglichkeit immer auf die langfristigen Erfolge. Es kommt nicht darauf an, kurzfristige Ziele zu erreichen, sondern darauf, langfristig das Bestmögliche für alle Beteiligten herauszuholen. Kurzfristige unbequeme Momente bleiben dabei nicht aus.

Vielen Menschen hilft es, eine sogenannte Wertelandkarte zu erstellen. Dies ist eine Verbildlichung von Werten und Vorstellungen, die dem Ersteller wichtig sind. Die Taktik stammt aus dem sogenannten Orientierungscoaching.

Definition: Orientierungscoaching
Beim Orientierungscoaching geht es darum, für den Klienten eine Orientierung im Berufsleben zu schaffen.

Dies betrifft vor allem Menschen, die einen neuen Karriereweg einschlagen wollen. Vielfach gehen Menschen, die mit ihrer bisherigen Karriere nicht zufrieden sind, die aber auch nicht wissen, in welches Feld sie umsteigen können, zu einem solchen Coaching. Auch bei jungen Leuten, die nach dem Abschluss einer Schule oder einer ersten Ausbildung keine Orientierung haben, sind solche Coachings häufig eine gern gesehene Wahl.

Anleitung zur Erstellung einer Wertelandkarte:
Das Erstellen einer solchen Landkarte soll es vereinfachen, sich selbst kennenzulernen. Sie begeben sich dazu sozusagen auf eine Reise zu sich selbst. Die folgenden Fragen werden dabei beantwortet:

Was treibt mich an?
Was habe ich noch vor?
Welche Träume müssen noch gelebt werden?
Was will ich erreichen?
Was macht mich derzeit zufrieden?
Was macht mich derzeit unzufrieden?
Welche kleinen und großen Veränderungen kann ich vornehmen?

Im Anschluss können Sie all diese Fragen – und alle, die Ihnen sonst noch einfallen – auf einer Art Landkarte beantworten. Zeichnen Sie dazu verschiedene Bereiche auf und sammeln Sie Ideen. Eine Wertelandkarte kann auch wie eine Art Mind-Map aussehen, bei der Gedanken und Zusammenhänge erfasst werden. Das Verschriftlichen und Verbildlichen Ihrer Werte kann entscheidend dazu beitragen, sich selbst besser kennenzulernen und zu verstehen, in welche Richtung Sie arbeiten wollen.

Die richtigen Worte finden: Eine spannende Aufgabe

Kommunikation ist das A und O im Miteinander. Dabei ist es grundsätzlich erst einmal irrelevant, ob es sich dabei um ein kollegiales Miteinander handelt oder ein persönliches. Kommunikation ist sowohl im Berufsalltag als auch in allen privaten Beziehungen wichtig. Gerade in der Position der Unternehmens- oder Team-Leitung müssen Sie daher in der Lage sein, gut kommunizieren zu können.

Kommunikation basiert darauf, die richtigen Worte zur richtigen Zeit zu finden. Diese Aufgabe ist nicht immer ganz einfach. Es gibt viele Studien über Kommunikation und viele verschiedene Kommunikationsmodelle, die sich damit befassen, die besten Kommunikationswege zu finden. Ein bekanntes Modell ist das sogenannte Vier-Seiten-Modell, auch als Nachrichtenquadrat oder Vier Seiten einer Nachricht bekannt. Das Modell veranschaulicht potenzielle Fehlerquellen beim Senden einer Nachricht und wurde von dem deutschen Kommunikationspsychologen Friedemann Schulz von Thun (* 6. August 1944 in Soltau) entwickelt. Dabei wird von vier Ebenen ausgegangen, die verschiedene Botschaften vermitteln. Eine Nachricht versendet dabei neben der eigentlichen Sachbotschaft auch immer eine Selbstauskunft, eine Beziehungsauskunft und einen Appell.

Ein Beispiel:
Hinter der Nachricht „Es ist kalt im Zimmer“ stecken diverse Aussagen.

Ebene	**Auskunft**	**Alternative Auskunft**
Sachebene	Die Temperaturen im Zimmer sind unter den normalen.	Die Temperaturen befinden sich unter denen, die der Sprecher als gewöhnlich empfindet. Stammt der Sprecher aus einem warmen Land, könnte er die durchschnittliche deutsche Raumtemperatur bereits als kalt empfinden.
Selbstauskunft	Ich friere.	Ich bin diese Temperaturen nicht gewohnt. *Oder*: Ich habe einen Blick auf das Thermostat geworfen und festgestellt, dass die Temperaturen unter denen liegen, die ich als normal bezeichnen würde.
Beziehungsebene	Der Sprecher und der Empfänger stehen sich nicht besonders nahe, da sie keine persönlichen Informationen austauschen, sondern stattdessen Smalltalk über die Raumtemperatur führen.	Möglicherweise stehen sich Sprecher und Empfänger besonders nahe, weshalb der Sprecher sich sicher genug fühlt, die Temperatur im Raum zu bemängeln.
Appell	Ich wünsche mir, dass du die Heizung aufdrehst.	Lass uns rausgehen. *Oder:* Kannst du mir eine Jacke leihen? *Oder:* Ich hätte gerne ein warmes Getränk.

Sie sehen: Kommunikation kann kompliziert sein. Ein weiteres Modell der Kommunikation veranschaulicht Problemquellen sogar noch ausführlicher. Es handelt sich dabei um das Stufenmodell, das Sie nachfolgend näher kennenlernen.

DIE KOMMUNIKATIONSSTUFEN

Missverständnisse entstehen auf die unterschiedlichsten Arten und Weisen. Eine Nachricht, die gesendet wird, kann auf viele Arten verstanden und unterschiedlich interpretiert werden. Oder einfach gesprochen: „Gesagt ist nicht gehört und gehört es nicht verstanden." Das Zitat wird vielfach dem österreichischen Verhaltensforscher Konrad Lorenz (07. November 1903 bis 27. Februar 1989) zugesprochen – bestätigt ist dies jedoch nicht. Vielleicht haben Sie diesen Spruch auch schon einmal von einem Ihrer Kollegen oder sogar von einem Elternteil gehört. Da Kommunikation auf verschiedenen Ebenen entsteht und dadurch auch vielfach missverstanden werden kann, gibt es verschiedene Modelle, die dabei behilflich sein sollen, den Sprechern und Zuhörern ein Verständnis für alle Seiten mitzugeben. Eines dieser Modelle ist die **Kommunikationsstufen-Theorie.**

Das Modell der Kommunikationsstufen oder Kommunikationstreppe zeigt auf, auf welchen verschiedenen Ebenen ein Missverständnis und ein Problem in der Kommunikation entstehen können. Dabei wird von vier verschiedenen Ebenen beim Senden einer Nachricht ausgegangen. Ebene 1 ist das, was der Sprecher beziehungsweise der Sender der Nachricht denkt oder fühlt. Dies ist die Intention oder die innere Einstellung. Die zweite Ebene ist die Ebene der tatsächlich genutzten Worte. Die dritte Ebene beschreibt das, was der Empfänger akustisch versteht. Ebene 4 umfasst das, was der Empfänger aus den Worten macht. Diese Ebene ist die Ebene der Interpretation der Nachricht.

Schon zwischen der ersten und zweiten Ebene können Probleme auftreten. Wir alle kennen dies aus dem Alltag. Nicht immer sagen wir das, was wir tatsächlich meinen. Häufig verfälschen wir unsere inneren Gedanken in gesprochenen Worten aus diversen Gründen. So haben Sie sicherlich auch schon einmal Kritik abgeschwächt, weil Sie Ihr Gegenüber nicht verletzen wollten, oder aber gesagt, Sie wären okay, wenn Sie sich tatsächlich gekränkt oder verärgert gefühlt haben, um einen Konflikt zu vermeiden. Vielen Menschen fällt es schwer, über ihre Emotionen zu reden, gerade, wenn sie sich dadurch verletzlich fühlen. Auch dann werden die innersten Gedanken häufig nicht so ausgesprochen, wie sie gemeint sind. Manchmal brauchen Menschen auch länger, um zu verstehen, was in ihnen vorgeht, bevor sie es ordentlich zu Wort bringen können. Und dann wiederum schweigen viele Menschen, wenn sie das Gefühl haben, ihre Worte sind es nicht wert, ausgesprochen zu werden. Auch dies entsteht häufig aus dem Grund, sich nicht verletzlich machen zu wollen oder einen Konflikt zu vermeiden. Auch unbewusst können solche Nachrichten jedoch verschleiert werden, etwa, weil der Sprecher so emotional ist, dass er kaum die richtigen Worte findet.

Ein einfaches Beispiel aus dem Alltag:
Sie haben von Ihrem Partner oder Ihrer Partnerin ein Geschenk zum Geburtstag erhalten, was Sie gar nicht mögen. Wenn Sie danach gefragt werden, behaupten Sie, dass Ihnen das Geschenk sehr gefallen hat. Um Ihren Partner beziehungsweise Ihre Partnerin nicht zu kränken, vermeiden Sie die Wahrheit. Was wie eine harmlose Notlüge aussehen kann, kann langfristig jedoch zu Problemen führen. Schließlich täuschen Sie einer nahestehenden Person vor, dass Ihnen Dinge gefallen, die Ihnen grundsätzlich gar nicht gefallen. Es besteht also das Risiko, dass Sie auch in Zukunft Geschenke erhalten, die Ihnen nicht zusagen, oder an Unternehmungen teilnehmen müssen, die Sie nicht mögen. Außerdem verschließen Sie sich vor Ihrem Partner oder Ihrer Partnerin und können sich kaum ehrlich kennenlernen.

Ein Beispiel aus dem Berufsalltag:
Sie müssen mit einem Kollegen einen Bericht für ein gemeinsames Projekt abgeben. Da Sie gerade sehr viel zu tun haben, hat Ihr Kollege sich dazu bereit erklärt, einen Erstentwurf alleine zu schreiben, um Ihnen die Arbeit zu erleichtern. Leider haben Sie an dem Entwurf viel zu bemängeln. In Ihren Augen erscheint er Ihnen ungenügend und auch ungeschickt formuliert. Da Sie Ihren Kollegen jedoch nicht kränken möchten, bitten Sie ihn nicht um irgendwelche Nachbesserungen. Stattdessen nehmen Sie die Verbesserungen selbst vor, obwohl dies bedeutet, dass Sie dadurch fast den ganzen Bericht neu schreiben müssen. Ihr Kollege interpretiert Ihr Feedback sicherlich als positiv. Auch für den Kollegen ist dies langfristig keine glückliche Situation. Einerseits ist seine Intention, Ihnen Arbeit abnehmen zu wollen, überhaupt nicht erfüllt worden und andererseits konnte er kein hilfreiches Feedback zu seinem Bericht erhalten. Die Wahrscheinlichkeit, dass der Kollege auch den nächsten Bericht inhaltlich und sprachlich ungenügend formuliert, ist daher hoch.

Missverständnisse und Schwierigkeiten in der Kommunikation können auch zwischen der zweiten und dritten Ebene entstehen. Selbst wenn der Sprecher seine innersten Gedanken genau so formuliert, wie er sie meint, heißt das noch lange nicht, dass der Empfänger die Nachricht auch so wahrnimmt. Schon alleine durch das akustische Verstehen können Probleme entstehen. Akustische Schwierigkeiten entstehen vor allem dann, wenn das Umfeld laut ist. Bestimmt haben Sie auch schon einmal am Telefon bemerkt, dass Sie die Nachricht Ihres Gesprächspartners nicht ganz verstanden haben, weil sich einer von Ihnen in einer lauten Umgebung befand oder die Telefonverbindung nicht stabil war. Sicherlich haben Sie sich auch schon einmal in einer lauten Bar oder auf einem Event aufgehalten, in der bzw. auf dem Sie Ihren Gegenüber kaum verstehen konnten, weil die Musik oder die Rufe der anderen so laut waren. Auch beim Senden von Sprachnachrichten über Social Media oder beim Sprechen mit jemandem, der in seiner Hörfähigkeit eingeschränkt ist, können diese Probleme entstehen. Bei wichtigen Botschaften sollte daher immer darauf geachtet werden, dass die Gegebenheiten möglichst gut für die Akustik sind. Letztlich können Missverständnisse auch zwischen der dritten und vierten Ebene entstehen. Selbst wenn der Gesprächspartner Ihre Worte akustisch richtig versteht, heißt das nicht, dass er sie auch richtig interpretiert. Schließlich können viele Worte unterschiedliche Bedeutungen haben. Außerdem bringen wir gewisse Voreinstellungen in die Interpretation einer Nachricht ein. Dazu gehört, wie gut wir die Menschen kennen, die uns die Nachricht senden. Sie kennen das ganz bestimmt aus dem Alltag. Denken Sie einmal an Ihren begeisterungsfähigen Freund. Denken Sie im Anschluss an den Freund, der am wenigsten Begeisterung zeigen kann. Stellen Sie sich nun vor, Sie sind mit beiden Freunden im Kino. Beide Freunde sagen nach dem Film: „Das war schön." Die gleichen Worte haben bei beiden Freunden wahrscheinlich eine unterschiedliche Bedeutung. Für den ersten Freund bedeuten sie sicherlich nicht viel, denn dieser würde seine Begeisterung normalerweise sehr viel überschwänglicher zeigen. Für den zweiten Freund kann dies bereits ein großes Kompliment an den Film sein, denn er spricht selten Lob aus, wenn nicht danach gefragt wird.

Auch die Situation kann die Interpretation stark beeinflussen. Denken Sie an die einfachen Worte: „Mir ist kalt." Stellen Sie sich vor, Sie hören diese Worte an einem Wintertag an der frischen Luft. In dieser Situation bewerten Sie die Worte wahrscheinlich als einfachen Smalltalk. Herrschen draußen jedoch angenehme Sommertemperaturen, bewerten Sie die Worte anders. Möglicherweise interpretieren Sie die Aussage des Sprechers als ein Zeichen für eine bevorstehende Krankheit. Wenn Ihnen an einem warmen Sommertag kalt ist, kann das bedeuten, dass es Ihnen nicht gut geht. Folglich wird wahrscheinlich auch Ihre Reaktion auf die Aussage eine andere sein. Die Interpretation einer Aussage kann auch von unseren eigenen Erwartungshaltungen abhängen. Erhalten Sie Feedback von einem Kollegen zu einem Bericht, kann Ihre Interpretation stark von Ihrer Einstellung zu Ihrem Gegenüber abhängen. Gehen Sie davon aus, dass der Kollege Ihnen nicht wohlgesonnen ist, steigt die Wahrscheinlichkeit, dass Sie auch sein Feedback negativ interpretieren. Haben Sie jedoch ein sehr gutes Verhältnis zu diesem Kollegen, ist die Wahrscheinlichkeit, dass Sie auch Kritik besser annehmen, deutlich höher.

Zusammenfassend lässt sich erkennen, dass gute Kommunikation auf vielen Ebenen scheitern kann. Es gehört mehr dazu, als nur ein paar schöne Worte zu finden. Da gelungene Kommunikation jedoch der Schlüssel zum Erfolg und einem guten Miteinander ist, lernen Sie in den nächsten Kapiteln mehr darüber.

Erfolgreiche Kommunikation – aber wie?

In diesem Kapitel erfahren Sie das Wichtigste über erfolgreiche Kommunikation. Sie werden sehen, welche Elemente zu guter Kommunikation beitragen. Von positiver Sprache über Transparenz und das effektive Festlegen von Zielen bis hin zu nonverbaler Kommunikation werden Sie alle wichtigen Details kennenlernen.

Positive Sprache

Ein wichtiges Thema im Rahmen guter Kommunikation ist die Wahl einer positiven Sprache. Sprache kann uns selbst und andere stärken. Genauso können Worte auch negativ wirken. Eine positive Ausdrucksweise kann dabei helfen, ein positives Umfeld zu kreieren. Sie kann optimistisch und hoffnungsfroh stimmen. Außerdem mobilisiert sie, motiviert, stärkt Beziehungen und reduziert Stress.

Warum jeder Mensch von Ihnen umgeben sein möchte, wenn Sie positive Sprache anwenden

Die Wirkung negativer Sprache kennen Sie sicherlich auch. Bestimmt können Sie sich an einen Streit erinnern, nach dem Sie sich miserabel gefühlt haben, weil zutiefst verletzende Worte gefallen sind. Möglicherweise erinnern Sie sich auch an ein Feedback auf der Arbeit, das Sie gekränkt hat. Negative Worte können psychische und sogar physische Auswirkungen haben. Sie können Stress hervorrufen und dadurch die Leistung und Lebensqualität mindern. Es ist heute allgemein bekannt, dass Psyche und körperliches Wohlbefinden sich gegenseitig beeinflussen. Unsere Sprache hat dadurch einen großen Einfluss auf das gesamte Wohlbefinden.

Ein positiver Sprachstil kann Ihre Ausdrucksweise verbessern und Sie sympathisch kommunizieren lassen. Dies wird vor allem auch beim Äußern von Kritik hilfreich, da diese bei positiver Formulierung besser angenommen wird. Außerdem können positive Formulierungen für mehr Klarheit schaffen. Schließlich können Sie nicht persönlich negativ interpretiert werden. Es ist daher nur hilfreich, den eigenen Wortschatz effektiv zu erweitern. Eine positive Sprache sorgt auch für eine positive Ausstrahlung. Auch das wirkt auf andere Menschen automatisch anziehend. Wenn Sie Ihre Sprache dahingehend optimieren, gelingt es Ihnen automatisch leichter, andere Menschen mitzureißen.

Ein weiterer Aspekt der positiven Sprache ist das klare und positive Formulieren dessen, was getan wird.

Ein Beispiel:
Die Aussage „Wir engagieren uns für den Umweltschutz“ klingt deutlich erbaulicher als die Aussage „Wir setzen uns gegen das Wald- und Artensterben ein“.

Positive Sprache hat also auch hier mit klarer und erbaulicher Kommunikation zu tun. Ein weiterer Vorteil dieser Sprache ist auch darin zu erkennen, dass die Aussagen sehr zielgerichtet sind. Eine positive Formulierung vermeidet häufig Missverständnisse. Sie liefert außerdem weniger Raum für Interpretationen und damit auch weniger Raum für falsche Interpretationen.

Aber Achtung: Positive Sprache bedeutet nicht, dass Sie alles beschönigen sollen. Ist etwas faktisch nicht korrekt oder schlecht gelaufen, benennen Sie dies. Natürlich sollten Sie dabei stets respektvoll bleiben. Es ist jedoch niemandem damit geholfen, wenn Sie alles beschönigen und Fehler verschweigen.

Zu einer positiven Sprache gehört auch eine bejahende Sprache.

Ein Beispiel:
„Ich finde heraus, wer sich damit auskennt“ anstatt „Das weiß ich auch nicht“
„Das weiß der Kollege A sehr gut. Ich verbinde Sie mit ihm“ anstatt „Dafür bin ich nicht zuständig“

Anhand dieser beiden Beispiele lässt sich auch erkennen, dass eine positive Sprache zu mehr Verantwortung führt. Sie lernen also durch das Verändern Ihrer Sprache automatisch, mehr Verantwortung zu übernehmen, eigenständig zu arbeiten und Hilfsbereitschaft zu zeigen.

Zur positiven Sprache gehört auch das Erteilen von konstruktiver Kritik. Konstruktive Kritik kann zwar Fehler benennen, gleichzeitig aber auch wertschätzend und respektvoll sein. Wer negativ spricht, schafft Distanz. Viel wirkungsvoller ist ein respektvolles und zugewandtes Verhalten.

Das Konzept

Wie lernen Sie, positiv zu kommunizieren? Wer im Alltag positiver kommunizieren möchte, sollte zunächst an seinen Gedanken und seiner generellen Ausdrucksweise arbeiten. Fangen Sie dabei ruhig klein an. Notieren Sie sich jeden Abend zwei bis drei Dinge, die am Tag gut gelaufen sind. Schreiben Sie diese auf. Durch das Aufschreiben verinnerlichen Sie die Details noch mehr. Machen Sie dies zur Gewohnheit, so dass Sie jeden Abend mit positiven Gedanken ins Bett gehen. Dadurch können Sie Ihre Einstellung verändern. Richten sich Ihre Gedanken deutlicher auf die positiven Aspekte, werden auch die Worte folgen.

Ein wichtiger Aspekt der positiven Sprache ist, dass Sie sagen, was Sie wollen oder denken. Im Alltag wird negative Sprache häufig wie folgt verwendet:

- Machen Sie das nicht
- Das ist keine gute Idee
- Das gefällt mir nicht

Im Rahmen der positiven Sprache werden diese Verneinungen nicht genutzt. Der Fokus wird deutlich klarer auf das, was gewollt ist, gelegt. Gleichzeitig wird die Motivation durch das Hören der positiven Formulierungen gesteigert. Beispielsweise:

- Machen Sie doch lieber das ...
- Ich finde die Idee ... besser.
- Mir gefällt stattdessen dieses ...

Überlegen Sie sich, wie häufig Sie negative Formulierungen im Alltag nutzen. Wenn Sie Feedback geben, nutzen Sie wahrscheinlich häufig Formulierungen wie:

- Da sehe ich ein Problem
- Das ist schwierig
- Das sollten Sie so nicht machen

Bei solchen Formulierungen geht es im Rahmen der positiven Sprache darum, den Inhalt derart zu verändern, dass die Botschaft positive Worte nutzt. Beispiele:

- Wir sollen außerdem bedenken ...
- Wichtig ist außerdem ...
- Machen Sie doch stattdessen ...

Zu Übungszwecken ist es außerdem hilfreich, Ihre Gründe für die Aussagen zu überdenken. So können Sie den Fokus schneller auf das Positive lenken. Dies ist gerade beim Geben von Feedback wichtig.

Ein Beispiel:
Häufig hört sich Feedback so an: Der Punkt A war mir zu kurz. Überlegen Sie sich: Warum war er zu kurz? Weil der Inhalt wichtig oder interessant war.

Das Feedback kann dann besser so vermittelt werden: Punkt A war sehr interessant / inhaltlich wichtig – den hätte ich mir ausführlicher gewünscht.

Hier sind ein paar ähnliche Formulierungen:

Besonders wirkungsvoll war ...

Besonders gut hat mir gefallen ...

Was ich mir außerdem noch gewünscht hätte, wäre ...

Noch wirkungsvoller bist du ...

Noch mehr Eindruck hinterlässt du, wenn ...

Ich habe eine Idee, wie du deinen Plan erreichen kannst. Bist du interessiert, mehr darüber zu erfahren?

Ich habe weiterführende Informationen zu diesem Thema. Kann ich dir meine Hilfe anbieten?

Dieser Punkt war sehr interessant, den hätte ich mir noch ausführlicher gewünscht.

Mit Hilfe derartiger Formulierungen wird es Ihnen leichter fallen, auch negative Kritik angenehm zu verpacken.

Ein Beispiel:
„Das Kapitel über XY war viel zu kurz. Das hätte deutlich länger sein sollen, um die Bedeutsamkeit zu verstehen."
Besser: „Das Thema XY ist sehr interessant und bedeutungsträchtig, das hätte ich mir noch ausführlicher gewünscht."

Sie sehen: Die Botschaft ist die gleiche, in der zweiten Version ist sie aber deutlich angenehmer verpackt.

Ein weiterer wichtiger Aspekt ist das Ersetzen von negativen Wörtern wie „muss" oder „nein". Diese vermitteln Inhalte häufig negativ belastet.

Ein Beispiel:
„Wir *müssen* unsere Außenwirkung verbessern." Mit diesem Satz wird sofort Druck ausgeübt. Wesentlich motivierender klingt: „Wir *werden* unsere Außenwirkung verbessern."

Ersetzen Sie im Alltagssprachgebrauch möglichst häufig Worte wie:

- Nein
- Kann nicht
- Muss
- Schlecht
- Nicht
- Falsch

Suchen Sie positive Formulierungen, beispielsweise:

- Ja
- Können (stattdessen)
- Werden
- Besser
- Stattdessen
- Alternativ

Ein paar Beispielsätze:
Ich muss den Bericht heute abgeben wird zu Ich werde den Bericht heute abgeben.

Der Bericht war schlecht wird zu Die Punkte A bis C werde ich im nächsten Bericht besser machen.

Ich habe dieses Mal viele Fehler gemacht wird zu Ich werde die Punkte A bis C nächstes Mal anders gestalten, und zwar so ...

Um das Konzept der positiven Sprache wirklich zu verinnerlichen, hilft keine Theorie – nur regelmäßige Praxis wird dafür sorgen, dass Sie die Methode wirklich lernen. Sprechen und schreiben Sie daher so häufig wie möglich.

Nutzen Sie alle Gelegenheiten im Alltag, um zu üben: Wenn ein Freund Sie um Feedback bittet, wenn Sie jemandem etwas erklären möchten – gerade mit Kindern lässt sich dies bestens üben – oder wenn Sie mit Kollegen diskutieren: Es gibt zahlreiche Möglichkeiten, positive Sprache zu üben.

Ressourcenorientierung: Stärken betonen

Mit positiver Sprache können Stärken der Mitarbeiter besonders betont werden. Die Sprache ist generell ressourcenorientiert, weil sie darauf zielt, das zu betonen, was gut und vorhanden ist. Der Fokus wird vielmehr auf die guten Aspekte gelegt. Das motiviert. Sprache hat außerdem eine größere Wirkung, wenn sie positiv formuliert ist, da klarere Anweisungen gegeben werden können.

Ein Beispiel:
Es ist deutlich wirksamer, einem Mitarbeiter zu sagen, dass er bitte um 09:00 Uhr da sein soll, anstatt ihm zu sagen, dass er nicht schon wieder zu spät kommen soll. Tatsächlich gibt es Studien darüber, dass das menschliche Gehirn Verneinungen nicht gut verarbeiten kann. Wer etwas erreichen möchte, sollte daher positive Ziele formulieren.

Auch die Vermeidung des Wörtchens **aber** kann ein hilfreicher Bestandteil positiver Sprache sein. Das Wort **aber** scheint alles, was vorangegangen ist, zu negieren. Eine bessere Formulierung wird mit dem Wort **und** bewirkt.

Ein Beispiel:
Wir haben im letzten Monat einen Kundenzuwachs vermerken können, aber wir müssen noch deutlich stärker an unserer Social-Media-Präsenz arbeiten.

Besser:
Wir haben im letzten Monat einen Kundenzuwachs vermerken können und wir werden noch stärker an unserer Social-Media-Präsenz arbeiten.

Ressourcenorientierte Sprache betont die Stärken der Mitarbeiter oder des Teams ganz gezielt. Feedback wird so gestaltet, dass jedem klar wird, wo die Stärken liegen. Natürlich müssen Schwächen, die auszugleichen sind, nicht verschwiegen werden. Positive Sprache bedeutet keineswegs, negative Aspekte vollkommen auszulassen. Allerdings wird der Fokus stark auf die guten Seiten gelegt.

Ein Beispiel:
Jeder im Team hat im letzten Jahr viel Verantwortungsbewusstsein bewiesen und gezeigt, dass Freiräume gewährt werden können. Ziele wurden stets in einem festgelegten Rahmen erledigt. Im nächsten Jahr werden wir auch daran arbeiten, mehr Motivation für das Einbringen von neuen Ideen zu schaffen.

Durch Botschaften wie diese werden sowohl die positiven als auch die weniger positiven Aspekte vermittelt. Der Fokus wird jedoch nicht auf das Fehlen der Innovationen und Ideen gelegt. Vielmehr werden das Verantwortungsbewusstsein und die Zuverlässigkeit der Mitarbeiter in den Mittelpunkt gestellt. Das Betonen von Stärken können Sie auch im Alltag einüben. Probieren Sie die Sprachmethoden bei Ihren Freunden und Bekannten aus. Sicherlich werden Sie auch dort auf positive Resonanz treffen. Außerdem gilt auch hier: Übung macht den Meister.

Übung: Negative Botschaften umformulieren

Positive Sprache verträgt keine negativen Botschaften. Daher sollten Sie ausprobieren, negative Formulierungen in positive umzuwandeln. Testen Sie dies, wann immer Sie können. Grundsätzlich kann jede negative Aussage in eine positive umgewandelt werden. Je häufiger Sie dies einüben, desto einfacher wird es Ihnen fallen, den Blick automatisch auf das Positive umzulenken. Probieren Sie zur Übung, die folgenden negativen Botschaften positiv umzuformulieren:

1. Wir haben im letzten Jahr zwar alle Ziele erreicht, jedoch in 50 % der Fälle nicht im vorgesehenen zeitlichen Rahmen. Das genügt unseren Ansprüchen nicht.
2. Wir sind unterbesetzt und können es uns daher umso weniger leisten, nachlässig zu arbeiten.
3. Sie sind ein guter Mitarbeiter, müssen aber mehr Kreativität und Ideenreichtum beweisen.
4. Dem Bericht fehlt es an Tiefgang. Viele Probleme wurden nicht ausreichend erklärt.

Schreiben Sie Ihre Antworten nieder, bevor Sie weiterlesen.

Im Folgenden erhalten Sie zu den vier negativ formulierten Beispielen positive Formulierungen. Es gibt nicht nur eine richtige Antwort. Die nachfolgenden Ideen sind nur Beispiele dafür, wie ein Satz umformuliert werden kann, um positive Sprache zu nutzen. Versuchen Sie gerne, mehrere Beispiele zu jedem Satz zu finden.

Hier ein paar Möglichkeiten:

1. Wir haben im letzten Jahr 50 % aller Ziele im vorgesehenen zeitlichen Rahmen erreicht. Im nächsten Jahr werden wir uns darauf konzentrieren, die Prozentzahl nach oben zu treiben. Oder: Wir haben im letzten Jahr alle Ziele erreicht und etwa die Hälfte auch im zeitlich vorgesehenen Rahmen. Im nächsten Jahr werden wir Strukturen schaffen, um alle Ziele im festgelegten Zeitrahmen zu erledigen.

2. Wir arbeiten mit höchster Konzentration und geben noch mehr Gas als sonst. Oder: Wir versuchen, mit den vorhandenen Mitteln das bestmögliche herauszuholen. Oder: Auch in einem kleinen Team erreichen wir einen Großteil unserer Ziele und lassen uns die Motivation nicht nehmen.

3. Sie haben bewiesen, dass Sie X und Y gut beherrschen. Im nächsten Jahr wünsche ich mir, noch mehr Ihrer eigenen Ideen zu hören zu bekommen. Oder: Sie arbeiten in den Bereichen X und Y sehr zufriedenstellend. Gerne würde ich im nächsten Jahr noch mehr Ihrer Kreativität und Ihres Einfallsreichtums sehen.

4. In dem Bericht werden die Probleme X, Y und Z benannt. Diese hören sich für mich wichtig an. Ich würde gerne mehr Details dazu lesen. Oder: Die Probleme A, B und C benennen Sie in Ihrem Bericht klar und deutlich. Ich möchte Sie darum bitten, auch die Probleme X und Y in dieser Tiefe zu erfassen.

Sie sehen: Es gibt für jede Formulierung Möglichkeiten, diese positiv auszudrücken.

Effizienz

Sprache kann verschiedene psychologische Wirkungen haben. Zielgerichtete Sprache kann Menschen zu bestimmten Handlungen bewegen. Nutzen Sie diese Wirkung von Sprache, sind Sie dazu in der Lage, Menschen mit Leichtigkeit zu begeistern. Eine positive und zielgerichtete Sprache sorgt dafür, dass Sie überzeugend argumentieren. Sie lernen, Zuhörer in den Bann zu ziehen. Das liegt vor allem an der bereits erwähnten positiven Wirkung der bejahenden Formulierungen. Zuhörer werden auf die positiven Faktoren gelenkt. Sie nehmen eine positive Ausstrahlung wahr und fühlen sich motiviert. Diesen Einfluss können Sie nutzen.

Mit guter Kommunikation können Sie Ihre Effizienz steigern. Sind Mitarbeiter leicht überzeugt und motiviert, wird das Arbeiten effizienter gestaltet. Auf der einen Seite liegt dies daran, dass Sie selbst möglichst wenig Anstrengung zeigen müssen. Sie benötigen keine stundenlange Diskussion, um Ihr Ziel zu erreichen. Es fällt Ihnen deutlich leichter, Menschen sofort zu begeistern. Das wiederum bedeutet, dass Ideen schneller umgesetzt werden können. Langfristig können viele Ziele mit verhältnismäßig geringem Aufwand erreicht werden. Auch auf der Mitarbeiterseite wird die Effizienz gesteigert. Mitarbeiter, die überzeugt und motiviert sind, arbeiten nachweislich besser. Sie konzentrieren sich stärker auf die Ziele und arbeiten mit mehr Eifer. Insgesamt treibt es den Prozess im Unternehmen voran. Effizienzsteigerung ist auch in schwierigen Situationen bemerkbar.

Hier ein paar Tipps für die Effizienzsteigerung:

1. Nutzen Sie klare und positive Formulierungen. Lenken Sie den Fokus auf das, was wichtig ist – nicht auf das, was nicht zählt.

> **Ein Beispiel:**
> „Wir wollen uns im Bereich XY verbessern" – Mitarbeiter haben somit ein klares Ziel vor Augen und sind nicht durch die Kritik an den anderen Punkten abgelenkt. Sie wissen sofort, woran sie arbeiten sollen.

2. Erklärungen sorgen nicht nur für mehr Verständnis in der aktuellen Situation, sondern sind auch für die Zukunft wichtig. Wer eine Erklärung erhält, kann diese auf zukünftige Projekte übertragen.

> **Ein Beispiel:**
> „Kundenumfragen haben ergeben, dass ihnen die Punkte A, B und C wichtig sind – daher wollen wir uns in diesen Bereichen verbessern." – Diese Aussage kann auf alle zukünftigen Projekte angewendet werden.

3. Lenken Sie den Blick auf die Stärken einer Person, auch wenn Sie Schwachpunkte hervorheben. So bleibt die Person motiviert und weiß gezielt, woran sie zukünftig noch arbeiten muss. Gleichzeitig weiß sie auch, wo ihre Stärken liegen, und wird motivierter sein, diese einzusetzen.

Ein Beispiel:
„Sie sind ein sehr guter Redner. Ihre Ausdrucksweise ist stark und Sie sprechen selbstbewusst und frei. Im Schriftverkehr würde ich diese Leidenschaft ebenfalls gerne sehen."

Der Mitarbeiter wird zukünftig sicherlich bereit sein, seine Redekünste zum Einsatz zu bringen. Gleichzeitig weiß er, woran er noch arbeiten muss. Er hat außerdem eine Vorstellung davon, wie er an seinen schriftlichen Ausführungen arbeiten soll: Er soll die gleiche Leidenschaft und Ausdrucksstärke einbringen, die er beim Sprechen verwendet. Er hat also eine Vorstellung davon, *was* an seinen schriftlichen Ausführungen verbessert werden kann. Die Wahrscheinlichkeit, dass sich seine schriftlichen Ausfertigungen tatsächlich bessern, ist deutlich größer.

4. Persönliche Ansprachen sind wirkungsvoller. Personalisieren Sie Ihre Aussagen möglichst häufig. Heben Sie die Stärken einzelner Personen hervor und personalisieren Sie Ihr Feedback (idealerweise in Einzelgesprächen oder im Schriftverkehr – Sie wollen schließlich niemanden vor einer Gruppe ungefragt ins Rampenlicht stellen oder dafür sorgen, dass sich jemand bloßgestellt fühlt).

Ein Beispiel:
„Ihr Team hat sich im letzten Jahr stark im Bereich der Kundenzufriedenheit verbessert. Kunden ist aufgefallen, dass vor allem der Service deutlich zufriedenstellender geworden ist. Maßgeblich dafür ist unter anderem auch das neue Feedback-System, das Ihrem Einfallsreichtum entsprungen ist. Diese Kreativität sehe ich gern."

Soziale Faktoren

Kommunikation hat zahlreiche soziale Aspekte. Sie gestaltet das Miteinander zwischen Individuen. Kommunikation sorgt dafür, dass soziale Strukturen entstehen können. Sie ist die Grundlage aller Beziehungen und für das Arbeiten miteinander. Dabei gibt es bestimmte Fähigkeiten, die die sozialen Faktoren noch verbessern. Dazu gehören das aktive Zuhören und das sympathische Reagieren. Aktives Zuhören bedeutet deutlich mehr, als nur schweigend neben einer Person zu sitzen und sie reden zu lassen. So ist das Zuhören geprägt von nonverbaler Kommunikation. Zeichen wie Kopfnicken oder Veränderungen in der Mimik zeigen dem Gegenüber, dass Sie dem Gespräch inhaltlich vollständig folgen und über das Gesagte nachdenken. Rückmeldungen in Form von Wiederholungen und Fragen sind ebenfalls Teil dieser Kommunikationsart. Auch werfen aktive Zuhörer zwischendurch Feedback ein, wenn es passend ist. Letztlich gehört zum aktiven Zuhören auch, dass Sie sich die Inhalte des Gesprächs merken. Ihre Mitmenschen bemerken aktives Zuhören an all diesen Zeichen. Wer zuhört, schaut uns in die Augen und verändert die Gesichtszüge entsprechend der Emotion, die er beim Hören unserer Geschichte empfindet. Hören wir eine traurige Geschichte, werden andere diese Emotion in unserem Gesicht wahrnehmen.

Wer die sozialen Faktoren der Kommunikation versteht, kann sich besser in seine Zuhörer hineinversetzen. Für die Leitung eines Teams ist dies besonders wichtig. Je besser Sie sich in andere hineinversetzen können, desto einfacher wird Ihnen das Führen fallen. Sie können so besser auf die Bedürfnisse der Mitarbeiter eingehen. Außerdem werden Sie sehr wahrscheinlich beliebter in Ihrem Umfeld, da Empathie immer gern gesehen ist.

Zu den wichtigsten sozialen Faktoren der Kommunikation gehören die folgenden:

- ✓ Aktives Zuhören
- ✓ Empathisches Reagieren
- ✓ Sympathischer Smalltalk
- ✓ Respektvoller Umgang mit Konflikten
- ✓ Vertrauensvolle Sprache

Von Natur aus fällt es manchen Menschen leichter, Empathie zu zeigen und einige der anderen Faktoren umzusetzen. Das bedeutet jedoch keineswegs, dass Sie diese Details nicht lernen können. Wenn Sie sich Mühe geben und fleißig üben, werden Ihnen die genannten Beispiele gelingen.

Aktives Zuhören ist eine wichtige Gabe. Je besser Sie Ihren Mitmenschen zuhören, desto besser werden Sie sie verstehen. Ein anderes Beispiel ist der sympathische Smalltalk. Für manch einen ist Smalltalk ein Vergnügen, für andere Leute eine lästige Pflicht. Auch wenn Smalltalk in Deutschland nicht ganz so verbreitet ist wie in manchen anderen Ländern, kann sich die Fähigkeit auszahlen. Über Smalltalk gelingt es Menschen, leicht ins Gespräch zu kommen. Private Themen können dabei vermieden werden. Smalltalk beinhaltet unverfängliche Themen. Dadurch wird ein Gesprächsaufbau besonders angenehm. Solche Gespräche dienen nicht dazu, einander tiefsinnig kennenzulernen. Vielmehr sollen sie Sympathie erzeugen. Oft wird Smalltalk auch als sogenannter Eisbrecher genutzt

Für Kommunikationsprozesse ist daher Folgendes wichtig:

Merken Sie sich kleine Details, die Ihnen Ihre Mitmenschen erzählen. Fragen Sie bei Gelegenheit danach.

Menschen sind zwar Individuen, gleichzeitig aber soziale Wesen. Soziale Faktoren spielen daher in der Kommunikation eine große Rolle. Nehmen Sie sich die sozialen Faktoren zu Herzen. Sie werden Ihnen in zahlreichen Situationen behilflich sein. Nicht nur die Kommunikation im Arbeitsalltag wird dadurch verbessert, auch das Privatleben kann von diesen Faktoren profitieren. Schließlich stärken soziale Faktoren stets zwischenmenschliche Beziehungen aller Art.

Empathie: Die grundlegende Eigenschaft für gelungene Kommunikation

Empathie ist die Fähigkeit und Bereitschaft, Emotionen, Gedanken und Motive anderer Personen zu erkennen, zu verstehen und nachzuempfinden. Im allgemeinen Sprachgebrauch wird dies auch als Einfühlungsvermögen bezeichnet. Dabei wird in der modernen Hirnforschung zwischen Empathie und Mitgefühl unterschieden. Beide Begriffe liegen grundsätzlich nah beieinander. Allerdings wird Mitgefühl als Anteilnahme am Gefühl einer anderen Person beschrieben. Dies gilt für schwierige Gefühle wie Angst und Sorgen besonders. Wer Mitgefühl hat, fühlt das Leiden eines anderen und kann sich gut in sein Gegenüber hineinversetzen. Er möchte in der Regel helfen und das Leid mildern.

Empathie hat jedoch zahlreiche positive Aspekte. Sie gilt sogar als einer der wichtigsten Erfolgsfaktoren im Berufsleben. Ein Chef, der sich gut in Menschen hineinfühlen kann, hat häufig größere Chancen im Berufsalltag. Wer Empathie hat, kann die individuellen Motive eines Mitarbeiters verstehen und den Arbeitsprozess berücksichtigen. Dies kann die Erfolgschancen eines Projektes deutlich erhöhen. Außerdem sorgt Empathie dafür, dass eine höhere Bereitschaft entsteht, anderen zuzuhören. Echtes und konzentriertes Zuhören kann anstrengend sein. Daher entsteht diese Bereitschaft nicht bei jedem automatisch.

Empathische Führungskräfte können die Stimmungen und Bedürfnisse einzelner Mitarbeiter besser erfassen. Sie schaffen es außerdem einfacher, vertrauensvolle Beziehungen zu Mitarbeitern und zu Kunden zu fördern. Auch persönliche Konsequenzen unternehmensweiter Entscheidungen können Sie besser abschätzen. Empathie ist eine Fähigkeit, die auf jeder Verantwortungsebene gern gesehen wird. Auch Mitarbeiter, die noch keine Führungsverantwortung tragen, haben es im Arbeitsalltag entscheidend leichter, wenn sie empathisch sind.

Auf einen Blick:

✓ Empathie verbessert die Kommunikation und damit die Zusammenarbeit im Team oder im Gespräch mit Kunden.

✓ Empathie stärkt die Beziehung und das Vertrauen. Sie schafft eine gute Grundlage, schwierige Situationen zu bewältigen.

✓ Empathie erhöht die Kreativität. Empathiefähige Menschen denken innovativer. Sie geben selten auf und versuchen, Probleme auf Alternative Weisen zu lösen.

✓ Empathie verbessert Kundenservice und Verkaufsquoten. Empathische Menschen können besser auf Kundenbedürfnisse eingehen und beraten besser.

✓ Empathie wirkt positiv in Vorstellungsgesprächen. Das gilt für beide Seiten. Jobkandidaten können leichter beurteilen, welche Fähigkeiten und Antworten im Gespräch gefragt sind. Personaler wiederum, die empathisch sind, bauen von vornherein eine vertrauensvolle Gesprächsatmosphäre mit den Kandidaten auf.

✓ Empathische Menschen können Stärken, Schwächen und Bedürfnisse der Mitarbeiter einschätzen. Sie haben außerdem die Fähigkeit, diese weiterzuentwickeln.

Empathie ist eine Fähigkeit, die vielen Menschen angeboren ist. Das bedeutet jedoch keineswegs, dass sie nicht erlernt oder verbessert werden kann. Es gibt einige Tipps und Tricks, mit denen Sie Ihre Empathie trainieren können.

Hier eine Liste mit Anregungen:

- Üben Sie das aktive Zuhören. Versuchen Sie, in Gesprächen aufmerksam zu sein, mitzudenken und nonverbale Gesten und Töne zu beachten. Fragen Sie nach, wenn Sie etwas nicht verstanden haben. Wiederholen Sie mit eigenen Worten, was Ihr Gesprächspartner sagte. So überprüfen Sie, ob Sie seine Worte richtig interpretiert haben.
- Beobachten Sie Ihre Mitmenschen und merken Sie sich Details. Dadurch lernen Sie Verhaltensmuster, Reaktionsweisen und Gewohnheiten anderer kennen. Ein ehrlicher Austausch mit anderen Menschen gibt außerdem Aufschluss über Charakter und Motivation. Auch diese Details können Ihr Empathievermögen stärken. Je häufiger Sie mit anderen Ideen und Gedanken konfrontiert werden, desto mehr lernen Sie über Menschen allgemein.
- Beobachten Sie Fremde. Setzen Sie sich in ein Café und beobachten Sie Ihre Mitmenschen. Wie sehen die Menschen am Nachbartisch aus? Sind sie zufrieden oder unzufrieden? Worüber könnten sie nachdenken? Woran machen Sie Ihre Ergebnisse fest? Besonders gut funktioniert dieses Spiel, wenn Sie sich Hilfe suchen. Bestimmt kennen Sie einen Menschen in Ihrem Umfeld, der besonders empathisch ist. Fragen Sie ihn, ob er sich mit Ihnen gemeinsam ins Café setzt. Überprüfen Sie Ihre Einschätzungen mit denen Ihres Freundes. Sprechen Sie über Ihre Gedanken und Wahrnehmungen.
- Praktizieren Sie generell das Austauschen mit einem empathischen Menschen. Überprüfen Sie gemeinsam Wahrnehmungen oder fragen Sie nach Tipps.
- Versuchen Sie, unvoreingenommen auf neue Kontaktpersonen zuzugehen. Überprüfen Sie dafür im Vorfeld, welche Vorurteile Sie möglicherweise haben. Woher stammen diese Vorurteile? Was können Sie unternehmen, um die Vorurteile aus Ihrem Kopf zumindest für die Dauer eines Gespräches zu verbannen?
- Pflegen Sie Kontakte aus den unterschiedlichsten Kreisen. Je häufiger Sie mit neuen Ideen, Wertvorstellungen und Weltansichten konfrontiert werden, desto breiter wird Ihr Verständnis für die menschliche Psyche. Sie erkennen, wie unterschiedlich Menschen sein können. Dadurch gelingt es Ihnen dauerhaft leichter, Gründe für das Verhalten anderer zu finden.

Brenzlige Situationen, Konflikte & Verhandlungen

Konflikte entstehen überall, wo Menschen zusammenwirken. Auch im professionellen Rahmen bleibt dies nicht aus. Immer wieder werden sich zwei Mitarbeiter nicht über bestimmte Arbeitsprozesse einigen können. Möglicherweise werden zwischen Führungskraft und Mitarbeiter Missverständnisse entstehen, da ein Feedback falsch verstanden wurde. Auch Ärgernisse aus Konkurrenzdenken entstehen in der Arbeitswelt allzu leicht. Eine Führungskraft sollte dazu in der Lage sein, Konflikte schon früh zu erkennen und zu vermeiden. Zwar lassen sich nicht alle Auseinandersetzungen vermeiden, häufig können jedoch schlimmere Situationen verhindert werden.

Es gibt viele verschiedene Gründe für Konflikte. Die häufigsten finden Sie nachfolgend:

- ✗ Starkes Konkurrenzdenken unter den Mitarbeitern
- ✗ Unterschiedliche Vorstellungen über die Unternehmenskultur
- ✗ Unterschiedliche Vorstellungen über Weltanschauungen
- ✗ Unterschiede in Kultur, Alter oder Persönlichkeit der Mitarbeiter
- ✗ Überforderung
- ✗ Zu großer Druck im Unternehmen
- ✗ Eine schwache Führung
- ✗ Unklare Strukturen und Organisationen
- ✗ Mobbing und Beziehungsprobleme
- ✗ Gesundheitliche Probleme

Ein paar Beispiele für Probleme dieser Art:
Ein junger Mitarbeiter verfügt über mehr Fachwissen als sein Kollege. Der ältere Kollege verlangt jedoch Respekt vor der Erfahrung, die er hat. Beide möchten sich mit ihren Ideen gerne durchsetzen.

Zwei Kollegen möchten gleichermaßen befördert werden, allerdings wird nur eine Stelle frei. Egal, wer sie bekommt, der andere wird frustriert sein.

Aufgrund von unterschiedlichen Kulturen haben zwei verschiedene Mitarbeiter unterschiedliche Vorstellungen davon, wie die Arbeitsprozesse gestaltet werden sollten. Dies führt immer wieder zu Streitigkeiten.

Konflikte werden am besten bereits im Kern erstickt. Damit das gelingt, muss eine Leitung die wichtigsten Anzeichen für Konflikte erkennen. Die wichtigsten Anzeichen für Konflikte lauten wie folgt:

- Sichtbare Unzufriedenheit bei einzelnen Mitarbeitern oder im gesamten Team
- Nachlassende Produktivität
- Das Verlassen guter Mitarbeiter des Unternehmens
- Ungewöhnlich viele Krankheitstage einzelner Mitarbeiter
- Generell unzuverlässiges Verhalten
- Anspannung und Nervosität
- Distanzierung zwischen den einzelnen Mitarbeitern
- Generell Desinteresse an der Arbeit
- Vermehrte Beschwerden

Konflikte privater Natur gehören nicht an den Arbeitsplatz. Diese sollten auch die Führungskraft nicht allzu sehr belasten. Werden private Konflikte aber zu stark an den Arbeitsplatz herangetragen und stören die Produktivität, muss eingegriffen werden. Dabei sollte es aber ausreichen, klar dafür zu sorgen, dass private Konflikte nicht am Arbeitsplatz ausgetragen werden. Handelt es sich jedoch um berufsorientierte Konflikte, muss die Führungskraft unter Umständen als Mediator eingreifen.

Mit den folgenden Tipps können Sie für die Konfliktlösung im Unternehmen sorgen:

- Bewusstsein für Konflikte schaffen
- Einbinden von Führungskräften und Mitarbeitern in Konfliktlösungsmethoden
- Gespräche mit beiden Konfliktparteien führen
- Weiterführende Informationen von außen einholen
- Rasches Eingreifen bei absoluten No-Gos, beispielsweise Handgreiflichkeiten, sexueller Belästigung und Mobbing
- Anbieten von Gruppen-Workshops zur Konfliktlösung
- Einschalten eines professionellen Mediators
- Anbieten von Programmen zur Konfliktprävention und Konfliktbewältigung
- Einigungen und Lösungen schriftlich festhalten und unterschreiben lassen

Diese Punkte können Sie wie eine Checkliste abarbeiten. Damit Sie lernen, wie Konflikte am besten gelöst werden, erhalten Sie neben dieser Checkliste im Folgenden noch ein paar Konfliktlösungsstrategien.

Transparenz: Die Problematik benennen

Wer Mitarbeiter befragt, welche Arbeitsthemen ihnen am wichtigsten sind, wird Transparenz in der Unternehmensführung häufig sehr weit oben auf der Liste stehen haben. Gleichzeitig hat mindestens die Hälfte der befragten Mitarbeiter das Gefühl, dass der Arbeitgeber nicht offen und ehrlich mit ihnen kommuniziert. Doch was genau bedeutet Transparenz in der Führungsebene?

Transparenz in der Führung bedeutet vor allem, dass die Mitarbeiter auf dem aktuellen Stand gehalten werden. Gute sowie schlechte Nachrichten werden geteilt. Das bedeutet nicht, dass jedes kleine Detail weitergegeben werden muss. Vielmehr muss eine gute Führungskraft dazu in der Lage sein, abzuwägen, wann schlechte Nachrichten Mitarbeiter nur beunruhigen würden und wann das Feedback wichtig und zielführend ist. Gleichzeitig bedeutet es, dass transparentes, ehrliches Feedback auf jeder Seite stets willkommen ist. Nur so können alle Parteien voneinander lernen. Unangenehme Überraschungen sollten stets vermieden werden. Bedenken aufgrund von Unklarheiten sollten möglichst selten auftreten. Wer transparent ist, predigt nicht nur, sondern lebt das Gesagte. Transparente Führungskräfte setzen außerdem kristallklare Erwartungen. So wird das Risiko für Missverständnisse möglichst klein gehalten.

Gerade, wenn es zu Konflikten kommt, wird Transparenz besonders wichtig. Alle Beteiligten müssen wissen, worum sich die Problematik dreht. Jede Konfliktpartei bekommt die Möglichkeit, sich zu äußern. Dabei kann es hilfreich sein, sich unter vier Augen zu äußern. Ist dies möglich, sollte die Leitung daher beiden Parteien ein kurzes Vier-Augen-Gespräch anbieten.

Im Anschluss sollte der Transparenz zuliebe die Problematik mit beiden Parteien gemeinsam besprochen werden. So sind sich alle darüber im Klaren, welche Argumente auf dem Tisch liegen.

Eine transparente Arbeitskultur zeigt sich jedoch in vielen Aspekten. Hier sind ein paar Tipps und Beispiele, wie eine transparente Arbeitskultur in einem Unternehmen geschaffen werden kann:

- Richtlinien für die Transparenz auf der Führungsebene geben allen Führungskräften die Möglichkeit, sich an einer klaren Struktur festzuhalten. Folgen alle Führungskräfte bestimmten Richtlinien in Bezug auf die Transparenz, kann sichergestellt werden, dass sich alle Führungspositionen in etwa auf dem gleichen Level befinden.
- Regelmäßige Besprechungen mit dem gesamten Unternehmen, jeder Abteilung und auch mit Einzelpersonen sorgen dafür, dass jeder über die wichtigsten Entwicklungen informiert ist.
- Das Kommunizieren von klaren Erwartungen sorgt dafür, dass jeder Mitarbeiter die Möglichkeit hat, stets auf dem Laufenden zu bleiben und zu wissen, was erwartet wird.

- Mitarbeiter sollten stets das Gefühl haben, auf eine offene Tür zu treffen. Natürlich sind dabei gewisse Grenzen wichtig. Kommt ein Mitarbeiter wegen jeder Kleinigkeit auf Sie zu, dürfen Sie dies unterbinden. Andernfalls ist die Politik der offenen Tür hilfreich, um Mitarbeitern das Gefühl zu geben, dass sie sich jederzeit an die Führungsposition wenden können und auf ein offenes Ohr treffen. Dies sollte für jede Führungsposition, egal, ob im gesamten Unternehmen oder im Team, gelten.
- Mitarbeiter sollten dazu ermutigt werden, ehrliches Feedback zu geben. Das gilt nicht nur in Bezug auf die Führungsperson, sondern auch hinsichtlich Unternehmensrichtlinien und aktuellen Änderungen. So fühlen sie sich einbezogen. Sie haben außerdem das Gefühl, dass ihr Feedback und ihre Meinung wertgeschätzt werden.

Sichtweisen: Die Position des Gegenübers einnehmen

Im nächsten Schritt müssen beide Parteien versuchen, die Position des Gegenübers einzunehmen. Dies mag in der Hitze des Gefechts nicht immer einfach sein. Daher ist es wichtig, im Kontext von Konflikten nicht umgehend zu agieren, sondern etwas Abstand von der Situation zu gewinnen. Es ist deutlich effektiver, ein klärendes Gespräch auf den nächsten Tag zu verschieben, wenn beide Parteien emotional sind. Nur wenige Konflikte vertragen keinen Aufschub. Im Anschluss tragen beide Parteien ihre Seiten vor und versuchen, die Argumente und Empfindungen des anderen wahrzunehmen.

Die Führungskraft kann dabei bestimmte Hilfestellungen geben. Hier sind die wichtigsten Strategien:

- Einerseits sollten Sie alle Mitarbeiter dazu motivieren, ihre Position ehrlich zu kommunizieren. Dabei sollte stets ein Umfeld geschaffen werden, das Mitarbeitern das Gefühl gibt, auf ein offenes Ohr zu treffen. Fühlen sich Mitarbeiter gehört und verstanden, sind sie eher dazu bereit, ihre Position regelmäßig zu vermitteln.
- Auch können Sie dafür sorgen, dass bestimmte Richtlinien entstehen, die das Kommunizieren vereinfachen. So sollte eine Richtlinie dafür sorgen, dass persönliche Befindlichkeiten außerhalb des Rahmens sind. Die Kommunikation sollte stets auf der beruflichen Ebene bleiben.
- Beleidigungen sollten niemals toleriert werden.
- Es kann auch hilfreich sein, einen zeitlichen Rahmen festzulegen. So kann jeder Mitarbeiter die gleiche Zeit in Anspruch nehmen.

Ein Mitarbeiter ist eher dazu motiviert, seine Position offen und ehrlich zu vertreten, wenn er das Gefühl hat, dass die Leitung ihm zuhört und einen fairen Rahmen zur Kommunikation gibt. Gleichzeitig wird er sich eher motiviert fühlen, seine Position zu verkünden, wenn der andere dies auch tut. Befinden sich beide Mitarbeiter auf dem gleichen Niveau und haben das Gefühl, dass ihnen der gleiche Raum für die Kommunikation ihrer Meinung gegeben wird, sind sie eher dazu bereit, auch Verständnis für den anderen zu zeigen. Hat ein Mitarbeiter hingegen das Gefühl, dass nur der anderen Partei zugehört wird, wird er die Motivation schnell verlieren. Die Führungskraft sollte daher auch stets eingreifen, wenn bestimmte Richtlinien nicht eingehalten werden. Wird eine Person beleidigend, sollte die Leitung sofort eingreifen und die Beleidigung stoppen. So sehen beide Mitarbeiter in der Konfliktsituation, dass eine neutrale Person von außen achtgibt.

Gemeinsamkeiten finden

Im nächsten Schritt geht es darum, Gemeinsamkeiten zu finden. Selbst in starken Konflikten können zwei Individuen fast immer gemeinsame Grundlagen finden. Zwei Mitarbeiter mit unterschiedlichen Ideen verfolgen dennoch meist das gleiche Ziel. Wird der Fokus darauf gerichtet, kann dies entscheidend zur Konfliktlösung beitragen. Auch bei unterschiedlichen Ideen und Ansichten gibt es häufig Überschneidungen. Ziel einer Konfliktlösung ist es, diese zu finden. Wird der Blick auf Gemeinsamkeiten gerichtet, wird das Wir-Gefühl gestärkt. Außerdem wächst die Motivation, zusammenzuarbeiten. In besonders schwierigen Konflikten kann es eine Weile dauern, Gemeinsamkeiten zu erkennen. Hier sollte die Leitung eingreifen. Die beiden Konfliktparteien haben möglicherweise größere Schwierigkeiten, gemeinsame Interessen zu finden. Ein außenstehender Betrachter erkennt diese in der Regel deutlich schneller. In diesem Fall fungieren Sie als Leitung wie ein Mediator, der zwischen beiden Parteien vermittelt. So sollten Sie als Leitung darauf hinweisen, dass alle im gleichen Team sitzen. Es kann daher hilfreich sein, die gemeinsamen Teamziele zu wiederholen. Außerdem ist es Ihre Aufgabe, genau zuzuhören, was beide Parteien sagen. So können Sie sich ähnliche Inhalte merken. Auch Fragen und Wiederholungen können hilfreich sein. Haben Sie das Gefühl, dass Mitarbeiter A das Gleiche sagen möchte wie Mitarbeiter B, es allerdings in anderen Worten ausdrückt, können Sie die Phrase wiederholen.

Lösungen anbieten & die Umsetzung erklären

Sind Gemeinsamkeiten erkannt, können Lösungen schneller gefunden werden. Lösungen sollten sich an den gemeinsamen Interessen und Zielen orientieren. Befindet sich der Konflikt rein auf Mitarbeiterebene, sollte die Leitung nur so weit wie notwendig eingreifen. Orientierung und Hilfestellung sind in Ordnung. Das Vorgehen von Lösungen sollte möglichst vermieden werden. Besser ist es, durch Fragen und Ideen das Suchen einer gemeinsamen Lösung anzuregen. Ist ein Kompromiss gefunden, sollte die Umsetzung geklärt werden. Der Konflikt ist erst vollständig beendet, wenn sich alle Beteiligten über die Details der Umsetzung im Klaren sind. Andernfalls droht der nächste Konflikt, wenn es um diese Details geht. Was frühzeitig geklärt ist, kann später nicht mehr zu großen Streitigkeiten führen.

Konkret kann die Leitung die folgenden Dinge unternehmen:

- ✓ Finales Aufzeigen gemeinsamer Punkte
- ✓ Beide Mitarbeiter nacheinander fragen, ob sie eine Lösungsidee haben
- ✓ Aufzeigen, welche gemeinsamen Punkte die Lösung beinhalten muss
- ✓ Gemeinsamkeiten in unterschiedlichen Lösungsstrategien aufzeigen
- ✓ Vorteile und Nachteile verschiedener Lösungen aufzeigen
- ✓ Finden die Mitarbeiter keine Lösung, zeigt die Führungskraft selbst Lösungsmöglichkeiten
- ✓ Möglichst mehrere Vorschläge einwerfen und Mitarbeiter nach ihren Meinungen fragen
- ✓ Zeigt sich ein Mitarbeiter stur, kann die Leitung darauf hinweisen, in welchen Punkten der andere Mitarbeiter bereits entgegenkommend ist
- ✓ Kompromissvorschläge einwerfen
- ✓ Ist eine Lösung gefunden, die Umsetzung klären
- ✓ Beide Mitarbeiter werden gefragt, wie sie sich die Umsetzung vorstellen
- ✓ Treten erneut Unstimmigkeiten auf, werden die Gemeinsamkeiten hervorgehoben

Im Grunde ist die Hauptaufgabe der Leitung hier das Aufzeigen von Gemeinsamkeiten auf allen Ebenen. Sie hilft bei der Kommunikation, indem Sie diese immer wieder einwirft. Letztlich kann sie auch eigene Ideen einwerfen, wenn die Mitarbeiter partout nichts finden.

Konstruktive Haltung einnehmen

In Konflikten sollte stets eine konstruktive Haltung eingenommen werden. Das gelingt vor allem, indem der Fokus darauf gelegt wird, was für die Veränderung produktiv ist. Hier spielt positives Denken eine Rolle. Anstatt den Fokus auf all das zu richten, was nicht gut läuft, sollte der Fokus auf positive Veränderungen gelegt werden. Persönliche Befindlichkeiten sollten vermieden werden. Vermeiden Sie daher Schuldvorwürfe und persönliche Angriffe. Richten Sie den Blick lieber auf Lösungen. Eine konstruktive Haltung sorgt dafür, dass beide Parteien sich respektvoll begegnen. Die persönliche Ebene wird außen vor gelassen.

Es geht rein um produktive Kommunikation. Schließlich möchten alle Beteiligten den Konflikt beenden und eine Lösung finden. Dies gilt vor allem bei der Planung der Umsetzung der Lösung. Der Blick sollte zukunftsgerichtet sein.

Ziele festlegen

Am Ende eines jeden Konflikts werden Ziele festgelegt. Diese sollen in der Zukunft das Risiko eines neuen Konfliktes minimieren. Die Ziele richten sich einerseits auf die Lösung des bisherigen Konfliktes und andererseits auf potenzielle Konfliktquellen in der Zukunft. Das bedeutet, es werden Ziele vereinbart, die das bisher bestehende Problem lösen. Gleichzeitig werden Ziele vereinbart, die auch dazu beitragen, zukünftigen Problemen vorzubeugen. Dazu werden Fragen wie die folgenden beantwortet:

Wieso ist der Konflikt entstanden?

Wieso hat sich der Konflikt weiterentwickelt?

Welche Strategien und Strukturen können wir schaffen, um dem Konflikt nächstes Mal vorzubeugen?

Welche Strukturen und Strategien hätten in diesem Fall geholfen, um den Konflikt nicht größer werden zu lassen?

Welche Probleme könnten zukünftig auftreten?

Welche Probleme könnten mit der bisher erarbeiteten Lösung auftreten?

Was können wir tun, um zukünftige Schwierigkeiten zu vermeiden?

Wie können wir das Risiko eines Konfliktes ansprechen, wenn wir es erkennen?

Die Beantwortung dieser Fragen soll im Rahmen einer Zielfindung besprochen werden. Aus den Antworten dieser Frage lässt sich erkennen, was nächstes Mal das Ziel sein sollte. Häufig müssen die Antworten für die Zielfindung nur ein wenig umformuliert werden.

Ein Beispiel:
Wieso ist der Konflikt entstanden? Mitarbeiter A hätte den Report, den Mitarbeiter B angefertigt hat, einen ganzen Monat früher gebraucht, um das Projekt zu beenden. Mitarbeiter B wiederum hat gar nicht gewusst, dass Mitarbeiter A den Report so dringend brauchte.

Welche Probleme könnten zukünftig auftreten? Beide Mitarbeiter könnten auch bei zukünftigen Projekten unterschiedliche Vorstellungen bezüglich des zeitlichen Rahmens haben. Eine Lösung für dieses Problem ist, für die Zukunft einen zeitlichen Rahmen festzulegen, so dass sich alle Parteien darüber im Klaren sind, wann welche Arbeiten fertiggestellt werden müssen. Dadurch kann sichergestellt werden, dass in Zukunft Kommunikation auch in schwierigen Situationen besser funktioniert.

Im Verborgenen: Nonverbale Kommunikation

Neben der verbalen Kommunikation, also dem gesprochenen Wort, gibt es auch die sogenannte nonverbale Kommunikation. Die nonverbale Kommunikation beschreibt alles, was ein Mensch aussagt, ohne dabei zu sprechen. Im Mittelpunkt dessen steht die Körpersprache.

Der österreichische Philosoph, Psychotherapeut und Kommunikationswissenschaftler Paul Watzlawick (21. Juli 1921 bis 31. März 2007) sagte einmal: „**Wir können nicht nicht kommunizieren**.“ Kein Satz hat diesen Kommunikationswissenschaftler so berühmt gemacht wie dieser. Die Grundaussage besagt, dass selbst bei dem Versuch, nicht zu kommunizieren, ein Signal ausgesendet wird, ohne dass dahinter eine bewusste Absicht steht. Ihre Gesprächspartner empfangen diese Signale. Sie nehmen sie auf und interpretieren sie. Kommunikation entsteht.

Bestimmt kennen Sie eine solche Situation aus dem Alltag:
Sie sind in Gesellschaft eines anderen Menschen, der sie anschweigt. Ihr Gesprächspartner spricht nicht, Sie interpretieren das Schweigen als eine Botschaft. Möglicherweise ist dieser Mensch desinteressiert. Vielleicht ist er aber auch einfach nur müde. Um die Botschaft zu verstehen, bedienen Sie sich der nonverbalen Signale, die Sie interpretieren. Wahrscheinlich achten Sie bewusst oder unbewusst auf seine Körpersprache. Da Schweigen sowohl unbewusst als auch bewusst ein Signal sein kann, treten Missverständnisse leicht auf. Doch selbst bei klaren Botschaften, die in Worte gefasst sind, können Missverständnisse entstehen. Sie haben bereits gelernt, dass Missverständnisse häufig auf Fehlerquellen in der Kommunikation beruhen. Das liegt daran, dass nicht immer alles, was gesendet wird, auch genauso klar verstanden wird. Körpersprache unterstützt sowohl beim Schweigen als auch bei gesprochenen Worten die Botschaft. Daher ist es wichtig, sich mit der Trias der

Körpersprache auseinanderzusetzen. Zur nonverbalen Kommunikation gehören zahlreiche Details. Die sogenannte Trias der Körpersprache steht dabei im Mittelpunkt. Dabei geht es um das Zusammenspiel aus Augen, Händen und Körper. Dazu lernen Sie im nächsten Abschnitt noch mehr. Auch zahlreiche Gesten sind Teil der nonverbalen Kommunikation. Hier entstehen Fehlerquellen häufig aufgrund verschiedener kultureller Hintergründe. Was in der einen Kultur eine positive Geste ist, kann für eine andere eine negative oder gar beleidigende sein. Daneben gehören auch die folgenden Aspekte zum Thema der nonverbalen Kommunikation:

- ✓ Haptik und Berührung
- ✓ Geruch
- ✓ Kleidung und Make-up, sogenanntes Impressions-Management (Welche Impression will ich ausdrücken?)
- ✓ Blickkontakt
- ✓ Anhaftungen an Körper und Kleidung (auch hier Make-up, Spinnweben, Staub etc.)

Zahlreiche Details geben mehr Auskunft über uns selbst, als wir im Alltag wahrnehmen. So zeigen viele Studien, dass Gerüche eine große Rolle spielen, auch wenn sich die betreffenden Personen darüber gar nicht im Klaren sind. Impressions-Management ist ebenfalls ein großes Thema.

Definition: Impressions-Management
Impressions-Management bezeichnet Handlungen, die unternommen werden, um eine möglichst positive (oder spezielle) Impression, also Wirkung, zu erzielen. Nicht umsonst zählen Kleidung und Make-up für viele Menschen zu den wichtigsten Faktoren, um einen bestimmten Eindruck zu vermitteln.

Hier ein paar Beispiele für diese Bereiche mit ihrem Inhalt:

- Auffälliges Make-up: „Ich möchte auffallen", „Ich möchte beeindrucken", „Ich möchte unschöne Stellen in meinem Gesicht überdecken"
- Spinnweben an Kleidung: „Diese Klamotten sind alt", „Ich trage diese Kleidung selten", keine hohen Hygiene-Anforderungen
- Intensiver Blickkontakt: Flirten, Interesse, Selbstbewusstsein
- Zarte Berührung am Arm beim Sprechen: Romantisches oder sexuelles Interesse, Vertrautheit
- Raue Haut an den Händen: Arbeiterhände, wenig Zeit für Hygiene oder tiefe Pflege

Die Trias der Körpersprache

Die Trias der Körpersprache setzt sich zusammen aus Augen, Händen und Körper. Die Körperhaltung ist ein Ausdruck des persönlichen Befindens. Alle körperlichen Signale helfen bei der Interpretation einer Nachricht. Die Augen sind dabei ein ganz entscheidender erster Faktor. Menschen, die Augenkontakt suchen, sind häufig ehrlich und sicher. Auch die Hände geben vielfach Auskunft. Ruhige Hände vermitteln Sicherheit. Auch dies kann ein Zeichen für Ehrlichkeit sein. Hände, die ständig in Bewegung sind, vermitteln Unsicherheit. Allerdings können sie auch ein Zeichen für Ablenkung sein. Letztlich gibt auch die Körperhaltung große Auskunft über das Innenleben einer Person.

Ein Beispiel:
Neben Ihnen sitzt ein Freund. Er sitzt aufrecht und lächelt. Ab und zu sieht er sich in der Gegend um. Ab und zu treffen seine Augen Ihre. Er schweigt und ist nicht besonders redselig gestimmt. Würden Sie dies als passiv-aggressives Verhalten deuten? Wahrscheinlich nicht. Die positive Körpersprache lässt darauf schließen, dass der Freund einfach die Stille genießt, träumt oder das Gefühl hat, dass Sie gerne schweigen würden.

Sitzt neben Ihnen eine Person mit verschlossener, gekrümmter Haltung und weicht Ihrem Blick aus, gestaltet sich die Situation anders. Wahrscheinlich neigen Sie dazu, zu denken, dass diese Person wütend oder traurig ist.

Überzeugungskraft gelingt mithilfe von Authentizität auf drei Ebenen:

körpersprachliche Ebene,
verbal-sprachliche Ebene,
mentale Ebene.

Daher dürfen die Aspekte der nonverbalen Kommunikation nicht außer Acht gelassen werden. Insbesondere die Körpersprache gehört dabei zu den wichtigsten Faktoren. Diese drei Ebenen stehen stets miteinander im Zusammenhang. Sie können kaum voneinander isoliert, entwickelt und gelebt werden. Daher müssen Sie an allen drei Ebenen arbeiten.

Die mentale Ebene dreht sich um ihre innere Einstellung. Sie bildet die Grundlage für authentische Sprache und authentische Körpersprache. Daher lernen Sie im Folgenden zunächst, wie Ihre Gedanken Ihre Ausstrahlung formen. Körpersprache ist ein Ausdruck des Innenlebens. Sehr häufig drücken wir mit einer Haltung und einem Gang unwillkürlich das aus, was in uns vorgeht. Die Mimik schließlich ist ebenfalls ein sehr starkes Element der Körpersprache. Sie wird in der Regel dazu verwendet, Gefühlszustände auszudrücken und zu verdeutlichen. Dies geschieht häufig inmitten eines Gesprächs.

Hören wir etwas, was uns nicht gefällt, drücken wir das meist mit unserer Mimik aus. Hören wir etwas, was uns gut gefällt oder amüsiert, lachen wir. Mimik ist jedoch deutlich stärker kontrollierbar als Körperhaltung. Dies gilt zumindest für die größeren Bewegungen wie ein Lächeln oder Stirnrunzeln. Sehr kleine Ausdrucksformen werden jedoch selten wirkungsvoll unterdrückt. Dazu gehören sogenannte psychosomatische Reaktionen des Nervensystems. Dies ist die Erweiterung der Pupillen bei stark emotionalen Erregungen.

Ein einfaches Beispiel:
Wer sich überrascht fühlt, zeigt dies häufig mit großen Augen und weiten Pupillen. Wer sich freut, zeigt dies mit weit gezogenen Lippen, die ein Lächeln oder Lachen hervorrufen. Wer skeptisch ist, runzelt automatisch die Stirn. Mimik stellt außerdem eine Art Rückmeldung zum gesprochenen Wort dar. Sie drückt aus, welche Haltung das Gegenüber zum Gesprochenen einnimmt.

Gestik wird in der Regel zur Untermalung des verbalen Inhaltes benutzt. Während Mimik häufig eingesetzt wird, um das gesprochene Wort eines anderen zu reflektieren, wird Gestik eingesetzt, um die eigenen Worte zu unterhalten. Je stärker die Gefühle durch das gesprochene Wort erregt werden, desto größer wird in der Regel auch die Gestik. Gefühlszustände werden dadurch deutlich gemacht. Zur Gestik gehören kleine Bewegungen wie das Spielen mit den Fingern und Gegenständen. Aber auch große und ausschweifende Handbewegungen sind Teil der Gestik. Wer sich mit Körpersprache gut auskennt und sie richtig interpretiert, kann dadurch sogar den Wahrheitsgehalt einer Aussage festmachen. Dafür müssen Sie sich intensiv mit den Details befassen. Beobachten Sie auch Ihre eigene Mimik und Körpersprache. Halten Sie eine Rede vor dem Spiegel und überprüfen Sie Ihre Körpersprache. Oder filmen Sie sich – so unangenehm es in dem Moment sein kann, so hilfreich ist es auch. Im Anschluss überprüfen Sie, wie Sie Ihre Mimik und Gestik ausdrucksstärker gestalten können.

Gedanken formen Ausstrahlung

Tagtäglich begegnen wir den unterschiedlichsten Menschen und alle hinterlassen sehr unterschiedliche Eindrücke bei uns. Manche Menschen beeindrucken uns positiv, andere begegnen uns in einer unangenehmen Art und Weise. Dann wieder treffen wir auf Menschen, die uns völlig unberührt lassen. Sicherlich kennen Sie derartige Menschen auch aus Ihrem Umfeld. Nicht lässt sich erklären, warum ein Mensch einen bestimmten Eindruck hinterlassen hat. Vor allem, wenn Sie mit der betreffenden Person wenig gesprochen haben, wird Ihnen die Erklärung möglicherweise schwerfallen. Und dennoch werden Sie durch verschiedene Begegnungen verschiedene Eindrücke sammeln. Vieles davon geschieht sehr subtil. Sie nehmen unterschiedliche kleine Veränderungen zwischen Menschen wahr. Einiges geschieht durch nonverbale Kommunikation, die Sie mit dem bloßen Auge erkennen können. Doch sicherlich ist Ihnen auch schon einmal ein Mensch begegnet, der durch seine Ausstrahlung aufgefallen ist. Wir sprechen häufig über Ausstrahlung, wenn wir nicht ganz genau festmachen können, welche Details dieser Person uns positiv aufgefallen sind. Die Ausstrahlung ist eine Art Charme und Charisma. Sie haben bestimmt selbst Momente gehabt, in denen Ihnen eine Person ein ganz bestimmtes Gefühl vermittelt hat oder eine Wirkung erzielt hat, die Sie sich nicht ganz erklären konnten. Diese Wirkung war scheinbar einfach da – hängt aber mit vielen kleinen unscheinbaren Details zusammen.

Die Ausstrahlung eines Menschen kommt durch seine inneren Gedanken zustande. Wer einen optimistischen Blick auf das Leben hat, wird dies auch nach außen ausstrahlen. Ein optimistischer Mensch legt eine fröhliche Ausstrahlung an den Tag. Seine Körperhaltung strahlt Selbstbewusstsein und Zufriedenheit aus. Ein Lachen auf seinem Gesicht ist sehr wahrscheinlich. Wer wiederum schlechte Gedanken hat, strahlt wahrscheinlich diese aus. Den wenigsten Menschen gelingt es, zu verbergen, was in ihnen vorgeht. Es ist daher wichtig, sich über die Macht der Gedanken im Klaren zu sein. Wenn Sie eine positive Ausstrahlung wünschen, sollten Sie Ihre Gedanken positiv lenken. Wer eine gute Ausstrahlung aufweist, wird andere leichter mitreißen und respektvolles Auftreten erleben.

Um Ihre Gedanken zu formen, können Sie einige Tricks im Alltag anwenden. Dazu gehören beispielsweise die folgenden:

✓ das Aufschreiben von positiven Ereignissen am Abend; dieses Vorgehen haben Sie bereits im Abschnitt zur positiven Sprache kennengelernt.

✓ Versuchen Sie aktiv, in ungemütlichen Situationen einen positiven Kern zu finden. Dies ist leichter gesagt als getan. Doch je häufiger Sie dies üben, desto leichter wird es Ihnen fallen.

✓ Umgeben Sie sich möglichst häufig mit positiven Menschen. Das soziale Umfeld, das wir uns aussuchen, beeinflusst unsere Gedanken und damit auch unser Wohlbefinden ganz erheblich. Sie kennen Menschen, die immer alles negativ sehen? Verbringen Sie weniger Zeit in deren Gegenwart. Je häufiger Sie sich in positiven Kreisen befinden, desto leichter wird Ihnen auch das positive Denken fallen.

✓ Zwingen Sie sich aktiv daran, ein kleines positives Detail in jeder ungeliebten Situation zu finden. Sie hatten insgesamt einen schlechten Tag? Wenigstens der Kaffee am Morgen war gut! Sie haben einen unangenehmen Konflikt erlebt? Auf der positiven Seite wird dies eine wertvolle Lektion sein.

✓ Lenken Sie den Blick auf die Zukunft und positive Veränderungen, anstatt die negativen Momente der Gegenwart zu sehr zu betonen.

Selbstsicheres Auftreten

Ein selbstbewusstes Auftreten hinterlässt in der Regel einen positiven Eindruck. Wer selbstbewusst wirkt, strahlt Ruhe und Kraft aus. In der Regel ist auch eine sehr hohe Präsenz seiner körperlichen Energie im positiven Sinne wahrzunehmen. Diese Menschen sind häufig erfolgreich, tatendurstig und eigeninitiativ. Ebenso werden sie auch von außen wahrgenommen. Wir schreiben diese Attribute automatisch Menschen zu, die eine gewisse Ausstrahlung und Körperhaltung aufweisen. Die Körpersprache spielt eine ganz entscheidende Rolle. Sie wirken in der aufgerichteten Körperhaltung durchaus stark. Auch ein ruhiger, aber dynamischer und ausbalancierter Gang hat diese Wirkung. Dies sind Attribute, die auch die Attraktivität eines Menschen steigern. Sie wirken ausgeglichen und anziehend. Das lässt sie nicht nur attraktiv, sondern auch sympathisch und respektabel wirken. Die Balance ist dabei ganz entscheidend. Wer zu ruhig auftritt, kann schnell als träge wahrgenommen werden. Wer zu sportlich und bewegungsreich auftritt, kann als hektisch und unkontrolliert erscheinen.

Ein selbstbewusstes Auftreten wird auch durch ein freundliches Auftreten unterstützt. Ein freundliches Lächeln kann den selbstbewussten Auftritt unterstützen. Auch Augenkontakt bei Gesprächen ist wichtig. Wer seinem Gegenüber in die Augen schauen kann, wirkt ehrlich und selbstbewusst.

Beim Kennenlernen neuer Menschen ist ein fester Händedruck wichtig. Dabei sollten Sie Ihrem Gegenüber natürlich nicht die Hand quetschen. Ein starker Händedruck aber zeugt ebenfalls von Selbstbewusstsein und hinterlässt einen guten Eindruck. Ein selbstbewusstes Auftreten wird auch dadurch unterstützt, dass wenig mit den Händen gespielt wird. Wenn Sie in einem Meeting sitzen oder sich mit einem anderen Menschen unterhalten, versuchen Sie, Ihre Hände ruhig zu halten. Viele Menschen haben die Angewohnheit, ihre Hände in Bewegung zu halten. So spielen sie mit einem Stift zwischen den Händen oder fahren sich ständig durch die Haare. Dieses ständige Herumspielen mit den Händen kann auch dafür sorgen, dass Sie abgelenkt wirken.

Es wurde bereits erwähnt, dass ein selbstbewusstes Auftreten für eine Leitung wichtig ist. Schließlich sollen andere sehen, dass Sie von sich und Ihren Fähigkeiten überzeugt sind. Nur so können Sie andere motivieren und mitreißen. Nur wer von sich ausreichend überzeugt ist, wird auch Respekt von anderen erhalten. Üben Sie das selbstbewusste Auftreten vor dem Spiegel. Überprüfen Sie Ihre Körperhaltung und Ihren Gang. Testen Sie mit Freunden und Familie das Halten von Augenkontakt. Sie werden feststellen, dass es immer leichter wird, je häufiger Sie üben.

Unsicheres Auftreten

Genauso wie ein selbstbewusstes Auftreten ansehnlich ist, kann ein unsicheres Auftreten das Gegenteil bewirken. Wer ein Team oder gar ein ganzes Unternehmen anführen möchte, muss schließlich sicher in seiner Ausstrahlung sein. Nur wenn Sie eine gewisse Sicherheit vermitteln, können Sie darauf bauen, dass andere Ihnen folgen. Sind Sie unsicher, schaffen Sie es hingegen kaum, andere mitzureißen. Denken Sie einmal darüber nach. Würden Sie jemandem folgen, der nicht von seinen Fähigkeiten überzeugt ist?

Ein unsicheres Auftreten kann nicht immer gut versteckt werden. Menschen zeigen ihre Sicherheit ganz automatisch in der Körperhaltung. Das gilt umso mehr, wenn es sich um tiefsitzende Unsicherheiten, die aus Traumata resultieren, handelt. So haben Menschen, die bereits in jungen Jahren auf körperlicher Ebene einschneidende, belastende Erlebnisse erfahren haben, häufig ein gestörtes Verhältnis zum eigenen Körper. Viele Menschen beschreiben ein Gefühl des Abgetrenntseins zum eigenen Körper. Andere beschreiben eine Art Abstumpfung von Kälte, Wärme oder Schmerz. Sie empfinden diese Dinge schlichtweg nicht im physischen Sinne. Vielmehr empfinden sie eine Art Abstumpfung oder innere Leere. Dies sind psychische Schutzreaktionen, mit denen die traumatische Erfahrung kompensiert werden soll. Dies zeigt sich in der Körpersprache. Auch wenn Sie es nicht beabsichtigen – unterdrücken werden Sie es kaum können. Körpersprache ist immer ein Spiegel des Innenlebens.

Der beste Weg, Unsicherheiten zu verstecken, ist daher, an ihnen zu arbeiten. Wenn Sie sicherer auftreten möchten, sollten Sie daran arbeiten, sich sicher zu fühlen. Handelt es sich bei Ihren Unsicherheiten tatsächlich um traumatische Erlebnisse, hilft möglicherweise die Inanspruchnahme therapeutischer Unterstützung. Darüber hinaus gibt es viele Praktiken, mit denen sich Unsicherheiten wegtrainieren lassen. Dazu gehören körperliche Bewegung und meditative Übungen. Hier eine kleine Meditationsübung:

Meditationsübung

Setzen Sie sich aufrecht auf einen bequemen Untergrund. Vielen Menschen hilft es, mit den Fußsohlen den Boden zu berühren. Dies kann ein Gefühl des Erdens stärken. Schließen Sie die Augen und versuchen Sie, Ihre Atmung zu regulieren. Beobachten Sie dafür für ein paar Atemzüge einfach den Rhythmus Ihrer Atmung. Atmen Sie mindestens dreimal ganz natürlich ein und aus. Nehmen Sie danach einen bewussten Atemzug. Zählen Sie dabei bis vier. Halten Sie den Atem an, zählen Sie dabei ebenfalls bis vier. Atmen Sie aus und zählen Sie nochmals bis vier. Konzentrieren Sie sich rein auf die Atmung und schieben Sie alle anderen auftretenden Gedanken sanft beiseite. Das Zählen ist optional, hilft aber vielen Menschen – gerade am Anfang – dabei, sich rein auf den Atem zu fokussieren. Sind Sie geübter, können Sie sich ohne Mitzählen auf den Atem, Ihren Herzrhythmus oder Ihr Körpergefühl fokussieren.

Was sich für Sie am besten eignet, können nur Sie herausfinden.
Handelt es sich bei Ihren Unsicherheiten eher um soziale Unsicherheiten oder zu wenig Selbstvertrauen in Ihre Fähigkeiten, können Sie möglicherweise mit kleinen Alltagspraktiken Abhilfe schaffen. Sport und generelle Bewegung können auch im Alltag gute Methoden sein, das Selbstbewusstsein zu stärken. Wenn Sie sich stark und fit fühlen, werden Sie sicherer auftreten. Meditation und Yoga sind ebenfalls bewährte Praktiken, die Selbstvertrauen schaffen können. Daneben eignen sich kleine Herausforderungen im Alltag. Wenn Sie gerne an der frischen Luft sind, kann ein Wanderausflug Wunder bewirken. Versuchen Sie generell, Neues auszuprobieren. Ab und zu aus seiner gewohnten Umgebung, aus seiner sogenannten Komfortzone, herauszukommen, hilft beim Aufbauen des Selbstvertrauens ungemein.

Darüber hinaus haben Sie die Möglichkeit, mit Ihrer Körpersprache gezielt ein sicheres Auftreten zu erschaffen. Worauf es für ein sicheres Auftreten ankommt, haben Sie bereits gelernt. Augenkontakt und ein aufrechter Gang sind wichtige Merkmale. Umgekehrt führen eine gekrümmte Haltung, ein unsicherer Gang und wenig Augenkontakt dazu, dass eine Person als unsicher wahrgenommen wird. Alle Körperhaltungen, die dazu dienen, sich kleiner zu machen oder abzugrenzen, können diesen Eindruck bewirken. Ein paar Beispiele für Haltungspositionen, die Sie vermeiden sollten:

- ✗ Ständiges Zu-Boden-Schauen
- ✗ Verschränken von Armen und Beinen
- ✗ Hin- und Herwippen, von einem Bein zum anderen
- ✗ Nervöses Spielen mit den Fingern oder Händen
- ✗ Wildes Umherschauen im Raum
- ✗ Gekrümmte Haltung am Tisch

Idealerweise arbeiten Sie gleichzeitig an Ihrem Innenleben und am Auftreten. Übrigens kann das Arbeiten an der Körpersprache auch dazu beitragen, das Innenleben zu verändern. So zeigt sich, dass das Anlächeln der eigenen Person im Spiegel die Laune steigern kann. Wer generell aufrecht und gerade steht und geht, kann sich dadurch selbstbewusster fühlen. Behalten Sie diese Tipps im Hinterkopf.

Kongruenz herstellen zwischen Verbalkommunikation und Körpersprache

Stimmen Körpersprache und verbale Kommunikation nicht miteinander überein, können Widersprüche im Auftreten entstehen. Das Gesagte und das Gezeigte passen nicht zueinander. Es kommt zu einer Ungleichheit zwischen dem, was der Sprecher sagen möchte, und dem, was bei Ihrem Gesprächspartner ankommt. Stellen Sie sich vor, jemand sagt zu Ihnen mit einem Lächeln im Gesicht: *Ich kann Sie nicht leiden.*

Sicherlich sorgt dies für Verwirrung. Die Körpersprache drückt das genaue Gegenteil von dem aus, was gesagt wird. Es kann daher nicht nur zu Irritationen, sondern auch zu einer Fehlinterpretation führen. Möglicherweise wird eine solche Aussage als Scherz oder Sarkasmus gedeutet. Das liegt auch daran, dass gegenteilige Körpersprache bewusst als Zeichen für Sarkasmus verwendet wird. Wer einen Scherz oder Sarkasmus offensichtlich machen möchte, verwendet häufig gegenteilige Körpersprache. Auf diese Art entsteht auch Ironie. Der Sprecher sagt etwas Übertriebenes, um das Gegenteil davon auszudrücken.

Wenn Sie möchten, dass Ihre Aussagen ernst genommen werden, sollten Sie jedoch darauf achten, dass Ihre Körpersprache mit Ihren verbalen Signalen übereinstimmt. Überprüfen Sie Ihre Körpersprache regelmäßig. Lassen Sie sich gerne auch Feedback von vertrauten Personen geben, um die Wirkung zu kontrollieren.

Der Kommunikations-Werkzeugkoffer

An dieser Stelle sollen Ihnen verschiedene Werkzeuge vermittelt werden, mit denen Sie Kommunikation besser gestalten.

Rapport

Der Begriff Rapport stammt ursprünglich aus dem therapeutischen Kontext. Er beschreibt die Fähigkeit, möglichst schnell eine Beziehung zwischen Therapeuten und Klienten herzustellen. Dies ist vor allem für den Therapeuten besonders wichtig. Dieser muss schließlich einschätzen können, auf welche Art er dem Klienten am besten helfen kann. Dafür muss er erkennen, welche Kommunikationsstrategien er am besten einsetzt. Schon in der ersten Sitzung entscheidet sich in der Regel, ob der Klient wiederkommt oder nicht. Daher hat ein Therapeut nicht viel Zeit, sich darüber Gedanken zu machen. Das Aufbauen einer tragfähigen Beziehung in kurzer Zeit wird als Aufbauen von Rapport bezeichnet. Dies ist ein wichtiges Element der Kommunikation und kann auch auf andere Bereiche übertragen werden. Es gibt einige nützliche Techniken, um Rapport aufzubauen. Diese lernen Sie in den folgenden Abschnitten kennen. Die Techniken können auch in einem Unternehmen angewendet werden. Eine Führungskraft kann so eine Verbindung zu Mitarbeitern oder zu Kunden herstellen.

Im Unternehmen wird von Rapport gesprochen, auch wenn die Kunst gemeint ist, Unterstützung und Mitarbeit anderer Mitarbeiter zu erhalten, um ein gemeinsames Ziel zu erreichen. Dabei wird eine Beziehung hergestellt, die gekennzeichnet ist von Zustimmung, einer gleichen Richtung und Ähnlichkeit. Rapport minimiert Widerstand. In den nächsten Abschnitten werden Sie lernen, wie Sie Rapport am besten aufbauen.

Matching

Sogenanntes Matching ist eine der wichtigsten Techniken, um Rapport aufzubauen. Dabei versucht eine Person, sich an die andere anzupassen. Der Begriff kommt aus dem Englischen und bedeutet so viel wie *angleichen* oder *anpassen*. Die Anpassung bezieht sich auf den Sprachstil und kommunikative Muster. Eine einfache Technik des Matching ist das Suchen von Blickkontakt sowie die Haltung dessen. Dadurch entsteht eine Begegnung zwischen zwei Personen. Außerdem ist es wichtig, dass die Begegnung auf Augenhöhe stattfindet. Eine Führungskraft sollte in dem Fall auch ihren Mitarbeitern nicht von oben herab begegnen. Vielmehr findet die Kommunikation so statt, als ob sich beide Personen auf Augenhöhe befinden. Zum Matching gehört eine respektvolle Begrüßung. Dazu zählen ein guter Händedruck, Blickkontakt und ein freundliches Lächeln. Alle Elemente, die auf den ersten Blick dafür sorgen, eine möglichst respektvolle Begegnung auf einer Ebene zu schaffen, gehören in diesen Bereich.

Spiegeln

Der nächste Schritt zum Aufbau von Rapport ist das Spiegeln. Dabei geht es darum, wie der Begriff schon sagt, Verhaltensweisen eines anderen zu spiegeln. Im Alltag machen wir dies häufig unbewusst. Verschiedene neuronale Reaktionen bringen uns dazu. So gähnen wir meistens, wenn andere Menschen gähnen. Manche Menschen müssen sogar niesen, wenn sie eine andere Person niesen hören. Spiegelndes Verhalten steht häufig im Zusammenhang mit Zusammengehörigkeit und Sympathie. Sprechen wir mit einem Menschen, der uns sympathisch erscheint, spiegeln wir dessen Körperhaltung automatisch. Beim Spiegeln steht die Körpersprache im Mittelpunkt.

Daher hilft es, die Körperhaltung des Gegenübers zu spiegeln, um Rapport aufzubauen. Stützt sich Ihr Gesprächspartner den Kopf auf die linke Hand, nehmen Sie diese Haltung ebenfalls ein. Übertreiben Sie es damit aber nicht. Wenn Sie jede kleine Veränderung in der Körperhaltung sofort aufnehmen, wird Ihr Gegenüber das merken und sich nicht mehr ernst genommen fühlen. Warten Sie also immer einen Moment, bevor Sie Ihre Körperhaltung verändern. Übernehmen Sie auch nicht jeden Wechsel, sondern vielleicht nur jeden zweiten oder sogar dritten. Dadurch stellen Sie auf einer unterbewussten Ebene Sympathie her.

Leading

Ist Rapport durch Spiegeln verstärkt worden, geht es an das sogenannte Leading. Beim Leading soll die Person in eine bestimmte Richtung geleitet werden. Auch dies geschieht über Körpersprache und verschiedene Kommunikationswege. Leading ist im Grunde das genaue Gegenteil des Spiegels. Hier geht es nicht mehr darum, die Verhaltensweisen des anderen zu übernehmen. Vielmehr sollen die eigenen Verhaltensweisen von dem anderen übernommen werden. Ist Rapport aufgebaut, besteht die Möglichkeit, den Gegenüber derart zu beeinflussen. So wird ein Therapeut seine Atmung verlangsamen und langsamer reden, um die andere Person zu beruhigen. Ist Rapport aufgebaut, ist die Wahrscheinlichkeit hoch, dass der Klient dieses Verhalten unbewusst übernimmt. Vielleicht ist Ihnen dies im Alltag selbst schon einmal aufgefallen. Spricht jemand besonders langsam, steigt die Wahrscheinlichkeit, dass wir ebenfalls langsam sprechen. Ist jemand wiederum besonders hektisch, steigt das Risiko, dass wir ebenfalls aus der Ruhe gebracht werden. Je intensiver Rapport ist, desto einfacher wird es, einen Gesprächspartner zu führen.

Eine Führungskraft kann Rapport also dafür nutzen, um andere Teilnehmer in eine bestimmte Richtung zu lenken. Auf diese Art kann sie Gespräche leiten. Schafft sie es in einem Mitarbeitergespräch oder sogar in einem Meeting, zum Leading zu gelangen, können die Gespräche deutlich produktiver gestaltet werden.

Verständnis zeigen: Die Kunst des Paraphrasierens

Paraphrasieren ist ein Begriff aus der Sprachwissenschaft. Er beschreibt, dass gesprochene oder geschriebene Worte in eigenen Formulierungen ausgedrückt werden. Eine Paraphrase ist das Gegenteil eines wortwörtlichen Zitats.

Während das Paraphrasieren im akademischen Bereich ein wichtiges Werkzeug ist, um Inhalte wiederzugeben, ist es auch in Gesprächen ein besonders wichtiges Element. Durch Paraphrasieren zeigen wir sowohl im Schriftverkehr als auch im gesprochenen Wort, dass wir den Inhalt einer Quelle verstanden haben. Erzählt uns eine Person eine Geschichte, ist es hilfreich, diese in eigenen Worten zu wiederholen. Zumindest bestimmte Kernaussagen sollten regelmäßig wiederholt werden. Einerseits vermeidet dieses Vorgehen Missverständnisse, da wir selbst sicherstellen, dass wir den Inhalt verstanden haben. Gleichzeitig erhält der Gesprächspartner den Eindruck, dass wir uns konzentrieren und aktiv zuhören. In einem Gespräch mit einem Mitarbeiter sollten Sie möglichst wichtige Aussagen paraphrasieren.

Paraphrasieren fällt nicht jedem Menschen leicht, allerdings lässt sich diese Kunst leicht trainieren. In verschiedenen Gesprächen können sie regelmäßig üben, die Aussagen zu wiederholen und in eigene Worte zu fassen. Probieren Sie dies ruhig im Freundeskreis aus. Außerdem können Sie mit schriftlichen Texten üben. Die Kunst besteht auch darin, Paraphrasen an den richtigen Stellen einzusetzen. Idealerweise ist dies immer dann, wenn der Gesprächspartner eine kurze Pause einlegt. Alternativ können Sie eine Paraphrase auch zu Beginn einer Antwort anführen.

Gesprächsführung durch Fragen gestalten

Eines der wichtigsten Instrumente erfolgreicher Gesprächsführung ist das Einbauen von Fragen. Richtig eingesetzt helfen Fragen sowohl dem Fragesteller als auch den Befragten. Fragen dienen der Informationsbeschaffung. Sie tragen außerdem dazu bei, eine Situation, ein Problem oder einen Standpunkt zu verstehen. Zudem können Sie dazu genutzt werden, eine angenehme Gesprächsatmosphäre zu schaffen. Letztlich können Fragen sogar den Verlauf eines Gesprächs beeinflussen.

Fragen können unsichere oder verschlossene Menschen dazu bringen, zu reden. In vielen Fällen reichen schon wenige vorbereitete Eröffnungsfragen, um die anfänglichen Hemmungen zu nehmen. Auch lassen sich auf diese Art Mitarbeiter einbinden, die im bisherigen Verlauf des Gesprächs ruhig geblieben sind. Eine wunderbare Frage dazu lautet: Wie ist Ihre Stellung dazu?

Ein Gespräch, das bereits beendet zu sein scheint, kann durch geeignete Fragen weitergeführt werden. So kann eine neue Richtung eingeschlagen werden. Fragen sind ideale Überleitungen, um neue Probleme anzusprechen, die bisher noch nicht angesprochen wurden.

Fragen können außerdem ein Instrument sein, um Zeit zu gewinnen. Werden Sie mit einer überraschenden Argumentation konfrontiert, können Sie durch eine Gegenfrage Zeit zum Überlegen bekommen. Außerdem erreichen Sie dadurch auch das Verständnis des Gesagten. Idealerweise sollten Sie mit sogenannten offenen Fragen arbeiten. Offene Fragen beginnen mit einem Fragewort und schränken den Befragten nicht in seinen Antwortmöglichkeiten ein.

wozu
weshalb
warum
womit
wie
was
wann

Offene Fragen können nicht mit einem einfachen Ja oder Nein beantwortet werden. Sie eignen sich besonders gut, um umfassende Informationen zu erhalten. Sie sind außerdem ideal, um ein Gespräch in Gang zu bringen. Sie verhindern Vorurteile, sodass Sie eine neutrale, offene und ehrliche Antwort erhalten.

Beispiele für offene Fragen:
Welche Erfahrungen haben Sie mit XY?
Wie ist Ihre Meinung dazu?
Welches Problem erkennen Sie in dieser Situation?
Warum gefällt Ihnen diese Lösung nicht?
Was haben Sie aus dem letzten Meeting mitgenommen?
Was ist Ihrer Meinung nach die wichtigste Kernaussage dieser Rede?

Im Gegensatz dazu gibt es geschlossene Fragen, die sich nur mit einem Ja oder Nein beantworten lassen. Sie dienen der Steuerung von Gesprächen und als Entscheidungsfragen. Zu viele geschlossene Fragen können allerdings den Eindruck erwecken, dass sich der Gesprächspartner in einem Verhör befindet. Daher sollten sie möglichst vermieden oder bedacht eingesetzt werden.

Ein Beispiel:
Haben Sie Erfahrung mit XY?

Ein anderes Mittel sind Steuerungsfragen. Diese werden auch als hinführende Fragen bezeichnet. Sie sollen den Gesprächspartner auf einen bestimmten Gedanken lenken.

Ein Beispiel:
Wie wurden in Ihrem früheren Betrieb Überstunden gehandhabt?

Daneben gibt es sogenannte Alternativfragen, auch Entscheidungsfragen genannt. Bei diesen Fragen wird den Befragten eine Wahlmöglichkeit gegeben.

Ein Beispiel:
Gefällt Ihnen Lösung A oder Lösung B besser?

Bei dieser Fragetechnik haben Studien gezeigt, dass bei richtiger Anwendung die Antwort für den Fragesteller immer positiv ausfällt. In der Regel entscheidet sich der Befragte für die zweite Variante. Auch so kann eine Antwort gelenkt werden.

Ein wichtiges Element für eine Führungskraft ist außerdem die Kontrollfrage. Mit der Kontrollfrage wird festgestellt, ob der Gesprächspartner einem Gedankengang folgen konnte.

Ein Beispiel:
Wir sind uns also einig, dass Lösung B bevorzugt ist?

Kommunikation sofort aktiv verbessern – so funktioniert's

Kommunikation lässt sich trainieren. Damit Sie zukünftig besser kommunizieren, finden Sie in diesem Kapitel einige hilfreiche Hinweise. Sie lernen, wie Sie Kommunikation sofort aktiv verbessern.

Ich-Botschaften & Ich-Bewusstsein

Ein wichtiges Element in der Kommunikation sind sogenannte Ich-Botschaften. Damit legen Sie den Fokus auf Ihre Bedürfnisse und Ihre Ansichten. Anders als Du-Botschaften schaffen Ich-Botschaften keine Vorwürfe. Vielmehr erklären Sie die Gefühle des Sprechers. Sie wirken dadurch weniger provozierend.

Um Ich-Botschaften erfolgreich anwenden zu können, muss ein bestimmtes Ich-Bewusstsein herrschen. Das bedeutet, Sie müssen sich mit Ihrem Innenleben befassen. Nur wenn Sie wissen, was in Ihnen vorgeht, können Sie Ich-Botschaften konkret formulieren. Sie haben bereits in vorangegangenen Kapiteln gelernt, wie Sie sich mehr mit Ihrem Innenleben auseinandersetzen. Behalten Sie dies stets im Hinterkopf, um entsprechende Ich-Botschaften zu formulieren. Hier ein paar Beispiele für Ich-Botschaften anstelle von Du-Botschaften (im beruflichen Kontext Sie-Botschaften).

Ich wünsche mir mehr Pünktlichkeit in Meetings.

Ich fühle mich durch diese Aussage gekränkt.

Ich wünsche mir mehr Freiraum für Kreativität.

Die entsprechenden Du-Botschaften zu obigen Ich-Botschaften lauten:

Du bist immer unpünktlich zu Meetings. (Sie sind immer unpünktlich in Meetings.)

Du warst gemein mit dieser Aussage. (Sie waren unhöflich mit dieser Aussage.)

Du kontrollierst und lässt mir keinen Freiraum. (Sie kontrollieren meine Arbeit zu sehr.)

Sie erkennen sicherlich sofort, welcher Unterschied zwischen beiden Aussage-Techniken liegt. Mit der zweiten Variante fühlt sich der Gesprächspartner sehr wahrscheinlich sehr viel stärker angegriffen. Mit den vorangegangenen Varianten jedoch erkennt der Gesprächspartner die Wünsche und Bedürfnisse des Sprechers.

Tipps für mehr Ich-Botschaften:

- Denken Sie vor dem Gespräch über Ihre Gefühle und Bedürfnisse nach. Warum sind Sie enttäuscht/wütend/genervt/verletzt/etc.?
- Erkennen Sie die Emotion hinter dem ersten Gefühl. Häufig reagieren wir wütend oder genervt, weil dahinter eine Verletzung oder Enttäuschung steht.
- Lenken Sie den Blick in die Zukunft anstatt auf das, was bereits geschehen ist: Welche Veränderung wünschen Sie sich in der Zukunft?
- Versuchen Sie, Konfrontationen in akut emotionalen Momenten zu vermeiden. So haben Sie mehr Zeit, über Ihre Botschaften nachzudenken und klare Formulierungen zu finden.
- Beschäftigen Sie sich regelmäßig mit Ihren Gedanken und Emotionen. So lernen Sie sich und Ihre Werte besser kennen und können in Konfliktsituationen besser auf Ihr Innenleben zugreifen. Meditationen, Tagebuchschreiben und ähnliche Beschäftigungen helfen dabei.
- Lernen Sie, Emotionen zu kommunizieren und sich verletzlich zu zeigen. Viele Menschen scheuen sich davor, sich verwundbar zu zeigen. Das Risiko, seine verletzliche Seite zu zeigen, ist bei Ich-Botschaften immer größer. Daher greifen viele Personen voreilig zu Vorwürfen. Doch wer seine Vorstellungen und Wünsche klar kommuniziert, lernt sich selbst besser kennen und kann größere Konflikte vermeiden.
- Hinterfragen Sie stets die Umstände Ihrer Gefühle: Sind Sie müde, hungrig, gestresst oder Ähnliches? Dann scheinen Kleinigkeiten häufig deutlich schwerwiegender zu sein, als sie tatsächlich sind. Bedenken Sie dies und reagieren Sie danach mit einem klaren Kopf.

Übung: Mimik neutralisieren & entspannen

Eine einfache Übung, um Ihre Mimik zu neutralisieren und zu entspannen, ist das Beobachten der eigenen Mimik im Spiegel. Sie benötigen nur eine oder zwei Minuten am Morgen für diese Übung.

So gehen Sie vor:

Schauen Sie sich im Badezimmer vor dem Spiegel an. Nehmen Sie einen tiefen Atemzug und versuchen Sie, alle Gesichtsmuskeln locker fallen zu lassen. Versuchen Sie, nicht zu lächeln und auch sonst keine Muskeln zu bewegen. Versuchen Sie einfach nur, ruhig Ihren eigenen Blick zu halten. Fühlen Sie dabei in sich hinein. Wie fühlen Sie sich? Wie fühlt sich Ihr Gesicht an? Fühlen Sie irgendwelche Anspannungen? Nehmen Sie ein paar weitere tiefe Atemzüge und versuchen Sie, auch den Rest des Körpers zu entspannen.

Im nächsten Kapitel werden Sie sich intensiver mit der Atmung befassen. Eine kontrollierte Atmung hilft nicht nur beim Entspannen, sondern bewirkt auch Verbesserungen in der Sprechkunst.

Atemtechnik für besseres Sprechen

Zur guten Kommunikation gehört auch eine klare und ruhige Ausdrucksweise. Dies können Sie mit einem ruhigen Atem unterstützen. Von Geburt an atmet der Mensch grundsätzlich richtig: Mit jedem Atemzug hebt und wölbt sich der Bauch. Dies lässt sich bei Babys, die auf dem Rücken liegen, bestens beobachten. Im Laufe des Lebens verlernen viele Menschen diese sogenannte Bauchatmung jedoch. Häufig sind eine falsche Körperhaltung, Stress und innere Unruhe dafür verantwortlich.

Mit der Bauchatmung atmen Sie so tief ein, dass sich die Luft im Zwerchfell voll ausbreiten kann. Die unteren Rippenbögen und die obere Bauchdecke wölben sich dabei merklich nach außen. Diese Atmung sorgt dafür, dass der Körper bestmöglich mit Sauerstoff versorgt werden kann. Dadurch steigt auch die innere Ruhe und die Konzentrationsfähigkeit. Für die Kunst des Redens ist diese Atmung wichtig. Wer richtig atmet, hat eine ausdrucksvollere Stimme. Dies, kombiniert mit einem höheren Wohlbefinden, erhöht die Sprechkunst.

Mit dieser Übung gelingt es, die Bauchatmung wieder zu trainieren:

So gehen Sie vor:

Stellen Sie sich aufrecht hin. Stemmen Sie beide Hände in die Taille. Nehmen Sie nun einen tiefen Atemzug und spüren Sie mit Ihren Händen, wie diese nach außen gedrückt werden. Dies geschieht allein durch die eingeatmete Luft. Liegen Ihre Hände zwischen Rippen und Becken, können Sie dies mit jedem richtigen Atemzug fühlen. Atmen Sie mehrfach so tief ein und aus, dass sich die Hände bewegen. Wiederholen Sie diese Übung einmal täglich – schon ein paar Atemzüge reichen aus.

> **Tipp:** Viele Menschen versuchen, durch eine ganz bestimmte Haltung Selbstbewusstsein zu zeigen: Bauch rein, Brust raus. Doch genau dies ist fatal: Ein eingezogener Bauch verhindert die tiefe Bauchatmung. Auch aufgrund von enger Kleidung oder Figurvorstellungen wird der Bauch häufig eingezogen bzw. eingequetscht. Vermeiden Sie dies und geben Sie Ihrem Bauch Raum zum Atmen.

RHETORIKMITTEL & STIL

In diesem Abschnitt geht es um die Verwendung von rhetorischen Mitteln. Dies sind besondere Stilelemente, die dazu beitragen, Ihre Rede zu unterstützen. Inhalte können dadurch besonders stilvoll vermittelt werden. Außerdem werden die Gedanken des Gesprächspartners angeregt.

Rhetorische Mittel

Innerhalb der Sprache gibt es viele rhetorische Figuren. Eine abschließende Liste würde den Rahmen dieses Buches überschreiten. An dieser Stelle sollen Sie jedoch die wichtigsten Mittel und deren Wirkung kennenlernen.

Rhetorisches Mittel	**Bedeutung**	**Beispiel**
Die Metapher	Bei der Metapher werden wenige Worte verwendet, um Informationen zu vermitteln. Es handelt sich dabei um einen verkürzten Vergleich in bildlicher Sprache. Er geht über die eigentliche wörtliche Bedeutung hinaus und beruft sich auf den übertragenen Sinn.	Jemandem das Herz brechen als Symbol für gescheiterte Liebe.
Die Alliteration	Dabei werden verschiedene Worte mit dem gleichen Anfangsbuchstaben aneinandergereiht. Das Wiederholen des gleichen Anfangsbuchstabens erzeugt eine bestimmte Wirkung. Dadurch werden Zusammenhänge verdeutlicht, Melodien erzeugt oder die Wichtigkeit wird betont.	Milch macht müde Männer munter.
Die Anapher	Die Anapher ist die Wiederholung von Worten oder Wortgruppen. Auch dieses Stilmittel wird dazu verwendet, um die Bedeutung einer Aussage zu steigern, um Zusammenhänge zu erstellen und eine Wirkung zu erzeugen.	Ich will dich sehen, will dich lieben, will dich umarmen, will dich küssen.

Der Parallelismus	Der Parallelismus ist eine Bezeichnung für Sätze, die einen parallelen Satzbau aufweisen. Das sind zwei gleiche Hauptsätze, zwei gleiche Fragesätze oder zwei gleiche Ausrufe. Dieses Werkzeug wird entweder genutzt, um eine gegenteilige Verhaltensweise zu betonen oder um präzise zu umschreiben, was gemeint ist.	Du redest leise. Du singst laut.
Die rhetorische Frage	Die rhetorische Frage ist das rhetorische Mittel, das in Gesprächen am häufigsten Verwendung findet. Dabei handelt es sich um eine Frage, auf die keine Antwort erwartet wird. Sie wird nicht gestellt, um Informationen zu erhalten, sondern um etwas zu betonen. Sie verbalisiert einen Gedanken und ist in der Regel ein Mittel, das in einem Selbstgespräch verwendet wird. Sie ähnelt in ihrer Funktion auch einer Behauptung.	Was soll das denn jetzt? Sehe ich wirklich so schlimm aus? Ist das Ihr Ernst?

Anwendung

Rhetorische Mittel finden vor allem im Schriftverkehr oder in der Poesie Anwendung, doch sie können auch in der Unternehmenskultur Anwendung finden. Rhetorische Fragen können in Gesprächen verwendet werden, um Behauptungen zu betonen. In Notizen und schriftlichen Unterhaltungen können auch die anderen rhetorischen Figuren genutzt werden. Viele dieser Mittel eignen sich außerdem für die Werbung. Ein Umgang mit rhetorischen Mitteln kann allgemein das Sprachgefühl verbessern. Es lohnt sich also, ein wenig mit ihnen zu üben.

Produktives Feedback geben

Damit Feedback gut angenommen wird, muss es produktiv sein. Sehr häufig entstehen Konflikte, weil Feedback falsch gedeutet wird. Manchmal wird es zu harsch rübergebracht, manchmal reagiert der Empfänger sensibel. Teilweise wird Feedback unverständlich vermittelt. Um dies zu vermeiden, sollte der Anlass des Feedbacks immer in Form von konkreten Fakten geschildert werden. Diese wirken zunächst weniger persönlich und subjektiv. Sie stellen Tatsachen dar und sind daher objektiver. Durch das Benennen konkreter Einzelheiten wirken sie weniger willkürlich. Dadurch ist der Empfänger in der Regel sehr viel gewillter, das Feedback anzunehmen.

Ein Beispiel:
Sie sind immer zu spät.
Sie sind zu den letzten 3 Meetings jeweils 15 Minuten zu spät erschienen.

Zwischen diesen beiden Sätzen bestehen große Unterschiede. Der erste Satz gibt zwar das Feedback, dass eine Person zu spät gekommen ist, nennt aber keine Einzelheiten. Dadurch wirkt das Feedback relativ willkürlich. Durch das Wort *immer* wirkt es außerdem wie eine Übertreibung. Es ist gut möglich, dass der Empfänger dieser Nachricht das Feedback nicht gut annimmt. Das zweite Beispiel hingegen ist wesentlich konkreter. Dabei wird genau benannt, wann der Empfänger der Nachricht zu spät gekommen ist. Es wird auch benannt, um wie viele Minuten er sich verspätet hat. Durch das Nennen dieser Fakten wirkt das Feedback deutlich weniger willkürlich. Ein weiterer Vorteil eines konkreten Feedbacks ist, dass sich Verbesserungen sehr viel konkreter festhalten lassen. Ist der Empfänger der Nachricht bei den nächsten 2 Meetings pünktlich und beim dritten Meeting nur 5 Minuten zu spät, ist eine deutliche Verbesserung erkennbar. Obwohl er auch beim dritten Meeting zu spät ist, wird sichtbar, dass er sich bemüht hat.

Es ist außerdem hilfreich, wenn Art und Ausmaß der Verhaltensweise möglichst detailliert dargestellt werden. Das gilt vor allem für die beteiligten Emotionen.

Ein Beispiel:
Sie waren bei den letzten drei Meetings jeweils 15 Minuten zu spät. Das hat mich vor allem ab dem zweiten Mal geärgert, da ich ohne Sie nicht anfangen möchte. Gleichzeitig möchte ich aber die Zeit der Teilnehmer optimal nutzen.

Idealerweise wird das Feedback mit einem möglichst verhaltensbezogenen Wunsch und einer klaren Erwartung beendet. So weiß der Empfänger der Nachricht, was zukünftig von ihm erwartet wird. Er weiß genau, inwiefern er sein Verhalten ändern soll. Auch das kann Missverständnisse vermeiden. Wird keine konkrete Erwartung formuliert, muss der Empfänger des Feedbacks selbst filtern, was von ihm erwartet wird. Die Verbesserung des Verhaltens obliegt also seiner Interpretation.

Ein Beispiel:
Sie waren bei den letzten 3 Meetings jeweils 15 Minuten zu spät. Vor allem ab dem zweiten Mal hat mich dies geärgert, da ich ohne Sie nicht anfangen möchte. Gleichzeitig möchte ich aber die Zeit aller Teilnehmer optimal nutzen. Ich erwarte, dass Sie ab dem nächsten Mal wieder pünktlich anwesend sind.

Mit dieser Formulierung weiß der Empfänger genau, was von ihm verlangt wird. Es ist klar, dass er beim nächsten Meeting pünktlich erscheinen muss.

Dieses Modell dient nicht nur dem Feedback-Geber als Vorlage – auch wer Feedback empfängt, sollte sich die Wirkung bewusst machen. Das bedeutet, wer Feedback erhält, hört sich idealerweise zunächst alles aufmerksam bis zum Ende an. Fehlen Inhalte, beispielsweise eine klare Erwartungshaltung, darf eine Nachfrage stattfinden. Auf Kommentare oder Rechtfertigung wird möglichst verzichtet. So können beide Parteien versuchen, die Kommunikation möglichst respektvoll zu gestalten. Das Feedback wird dadurch produktiv sein und das Verhalten wird zukünftig optimiert.

Ehrlichkeit über alles? Fingersitzengefühl als Führungskraft

Führungskräfte müssen dazu in der Lage sein, ehrliches Feedback zu geben. Das bedeutet jedoch nicht, dass Ehrlichkeit über allem steht. Vielmehr ist ein gewisses Fingerspitzengefühl gefragt. Offenheit ist gut, kann im Einzelfall aber auch kontraproduktiv sein. Wichtig ist daher, situationsbezogene Kommunikation zu lernen.

Niemand würde von seinem Chef erwarten, dass dieser seine Versagensängste im Team diskutiert. Solche Ängste gehören in den privaten Raum. Generell müssen keine privaten Informationen mit dem Team geteilt werden. Haben private Ereignisse dennoch Einfluss auf das Berufsleben, kann dies allgemein gehalten werden.

Beispiel:
Aufgrund persönlicher Umstände wird es mir nicht möglich sein, an der Veranstaltung am folgenden Samstag teilzunehmen.

Eine gute Führungskraft erwartet auch von den Teammitgliedern keine Offenheit in privaten Belangen. So ist es gut, regelmäßig Feedback und Kritik zu üben. Auch Sorgen und Fragen sollten Berücksichtigung finden. Außerdem gibt es für diverse Informationen bessere und schlechtere Zeitpunkte. Gerade sensible Themen sollten möglichst in ruhigen Momenten aufgegriffen werden. In der Mitte einer hitzigen Diskussion ist es nicht ratsam, noch mehr sensible Themen aufzugreifen. Probleme sollten schrittweise abgearbeitet werden. Manchmal ist es hilfreich, negative Kritik gemeinsam mit positivem Feedback zu verpacken. Das soll die Kritik nicht schmälern, kann aber dafür sorgen, dass sie besser angenommen wird, da der Fokus nicht nur auf den negativen Aspekten liegt.

Checkliste: Zeit zum Reden!

Wann ist Zeit zum Reden? Mit der folgenden Checkliste erkennen Sie Hinweise darauf, wann ein Gespräch stattzufinden hat. Trifft einer oder treffen mehrere der folgenden Punkte zu, ist es Zeit für ein Mitarbeitergespräch.

✓ Die Leistung von Mitarbeitern liegt über einen längeren Zeitraum hinweg deutlich unter den Erwartungen.

✓ Das generelle Verhalten eines Mitarbeiters oder mehrerer Mitarbeiter hat sich über einen längeren Zeitraum verändert.

✓ Veränderungen, die das Team oder einzelne Mitarbeiter betreffen werden, wurden auf höherer Ebene beschlossen.

✓ Sie sind im Zusammenhang mit spezifischen Situationen oder Themen wiederholt unzufrieden oder verärgert.

✓ Sie stellen fest, dass Mitarbeiter im Zusammenhang mit spezifischen Situationen oder Themen wiederholt unzufrieden oder verärgert sind.

✓ Es zeigen sich merkliche Hinweise für einen sich entwickelnden Konflikt im Team.

✓ Es zeigen sich deutliche Hinweise, dass das Team Vertrauen in die Führung verliert.

✓ Gerüchte haben sich über einen längeren Zeitraum entwickelt und verbreitet, die nicht der Wahrheit entsprechen.

✓ Veränderungen auf dem Markt sorgen dafür, dass die bisherigen Leistungen des Teams oder Unternehmens nicht mehr den gleichen Erfolg garantieren.

✓ Das letzte Mitarbeitergespräch liegt bereits mehr als ein Jahr zurück.

Prozesssteuerung: Wie sicher hält der Chef die Fäden in der Hand?

Als Leitung müssen Prozesse richtig gesteuert werden. Wird von Prozesssteuerung gesprochen, beinhaltet dies einen Blick auf interaktionelle Handlungen. Dies sind solche, die auf Aktionen und Miteinander basieren. Das betrifft grundsätzlich alle Prozesse im Unternehmen oder im Team. Das Thema gehört zu den wichtigsten Führungsaufgaben. Dabei geht es vor allem um die Regelung von Kommunikationsabläufen. So ist das Lenken von Meetings eine der wichtigsten Aufgaben im Rahmen der allgemeinen Prozesssteuerung.

Die Führungskraft muss einen sicheren Überblick über die Prozesse haben. Sie hat die Hauptverantwortung. Läuft etwas nicht wie geplant, muss dies kommuniziert und geklärt werden. Schuldzuweisungen sollten dabei vermieden werden. Effektiver ist es, vereinbarte Gespräche nach klarer Struktur zu führen. Die Inhalte der Gespräche sollten möglichst sachlich bleiben. Solche Gespräche finden im Rahmen von Teammeetings oder Mitarbeitergesprächen statt. Mitarbeitergespräche sind besonders ergiebig, wenn der Mitarbeiter seine Sorgen mitteilen kann. Als Chef sollten Sie ihn darin unterstützen. Dazu gehört es, geeignete Rahmenbedingungen zu schaffen, aber auch, häufiger nachzufragen. Meldet sich ein Mitarbeiter nicht selbst, dürfen Sie sich gezielt Feedback einholen. Schließlich ist klares Feedback wichtig, um zu sehen, ob Unternehmensprozesse wie geplant verlaufen. Zum Thema Mitarbeitergespräche finden Sie mehr Informationen im Bonusteil. Zu den wichtigsten Prozessen gehören außerdem Präsentationen und Reden. Als Leitung sollten diese beiden Punkte kein Problem darstellen. Aber auch vielen Menschen in Führungspositionen fällt es nicht immer leicht, gelungene Präsentationen und Reden zu halten. Im folgenden Abschnitt erhalten Sie daher einige Tipps zum Thema.

Tipps für gelungene Präsentationen und Reden

Präsentationen und Reden gehören zu den wichtigsten Strukturelementen der Abläufe eines Unternehmens. Sie vermitteln wichtige Informationen und geben Updates zu den vergangenen Leistungen. Häufig werden Reden gehalten, wenn Projekte abgeschlossen sind oder wenn größere Veränderungen bevorstehen. In Präsentationen werden immer wieder Details über Projekte bekanntgegeben, die für alle Beteiligten wichtig sind. Präsentationen erfolgen auch, um bestimmte Veränderungen und Strukturerneuerungen bekanntzugeben. In jedem Fall müssen diese Elemente beherrscht werden. Anhand guter Präsentationen und Reden lässt sich erkennen, ob die Leitung die sprichwörtlichen Zügel in der Hand hält. Damit Ihnen beides sicher gelingt, hier einige Tipps:

Gute Vorbereitung ist das A und O. Egal, ob es sich um eine Rede oder um eine Präsentation mit digitalen Hilfsmitteln handelt, eine gute Vorbereitung ist das Wichtigste. Schreiben Sie sich Notizen und strukturieren Sie Ihr Vorhaben gründlich. Bereiten Sie sich auch inhaltlich ausreichend vor. Dazu gehört auch, sich potenzielle Fragen zu überlegen. Welche Fragen könnten die Zuhörer haben? Bereiten Sie darauf Antworten vor.

Eine gute Struktur schafft Übersicht. Mithilfe einer klaren Struktur können Zuhörer besser folgen. Es kann sich anbieten, den Zuhörern die Struktur zuvor mitzuteilen. Leiten Sie mit wenigen Sätzen in das Thema ein und erklären Sie, welche Punkte Sie nacheinander abarbeiten werden. Dies kann Unterbrechungen von vornherein verhindern. Haben Mitarbeiter Fragen zu Themen, die später noch aufgegriffen werden, können Sie sich diese für später merken.

Übung macht den Meister. Üben Sie jede Rede und Präsentation vor dem eigentlichen Stichtag. Halten Sie die Präsentation vor Freunden oder vor der Familie. Alternativ können Sie die Präsentation auch für sich halten. Das laute Vorsprechen kann Sicherheit schaffen.

Selbstbewusste Körpersprache hilft. Sie wissen bereits, welche Macht Körpersprache hat. Machen Sie sich diese zunutze. Achten Sie darauf, aufrecht zu stehen und nicht zu viel hin und her zu wippen. Halten Sie Augenkontakt zu Ihren Zuhörern.

Der Ton macht die Musik. Eine klare und deutliche Sprache erleichtert das Zuhören ganz erheblich. Achten Sie daher auf klare Botschaften und eine angemessene Lautstärke. Drücken Sie sich möglichst deutlich aus. Mit der Zeit werden Sie ein gutes Gefühl dafür entwickeln, welche Lautstärke angemessen und angenehm ist. Bewahren Sie einen sicheren und respektvollen Ton.

Freies Reden mit Spickzetteln. Eine gelungene Rede ist möglichst frei vorgetragen. Ablesen sollten Sie nach Möglichkeit vermeiden, da dies unsicher und unvorbereitet wirken kann. Außerdem sorgt es meist für monotones Sprechen und dadurch wird es schwieriger für andere, zuzuhören. Spickzettel in Form von Karteikarten oder PowerPoint-Präsentationen sind jedoch erlaubt. Achten Sie dabei darauf, nur die wichtigsten Notizen aufzuschreiben. Diese Notizen dienen Ihrer Erinnerung. Anhand einer PowerPoint-Präsentation können Sie auch den Zuhörern Orientierung verschaffen. Denken Sie jedoch daran, dass Sie möchten, dass die Zuhörer Ihren gesprochenen Worten folgen. Schreiben Sie zu viel auf eine digitale Präsentation, ist dies ablenkend. Im schlechtesten Fall sind die Zuhörer von der Masse an Ansätzen überwältigt und konzentrieren sich weder auf die geschriebenen noch auf die gesprochenen Worte.

Humor und Empathie sind Ihre Freunde. Viele Themen können durch Humor und Emotionen aufgelockert werden. Verwenden Sie eine lockere Sprache, wo es angemessen ist. Kleine Scherze sind ebenfalls erlaubt, wenn passend. Übertreiben Sie es jedoch nicht.

Nennen Sie Beispiele. Gerade komplizierte Themen können mit Beispielen vereinfacht werden. Zuhörer können dann leichter folgen. Beispiele aus dem Alltag sind gut, um Verständnis zu erwecken. Dabei dürfen Sie gerne Vereinfachungen vornehmen.

Wählen Sie einen Raum mit angemessener Akustik. Es gibt kaum unangenehmere Rahmenbedingungen als ein Raum, in dem die Akustik so schlecht ist, dass Zuhörer in den hintersten Reihen nichts verstehen. Wählen Sie den Raum für Ihre Präsentation oder Ihre Rede daher klug. Auch die Größe des Raumes sollte dem erwarteten Publikum angemessen sein. Eine angenehme Atmosphäre kann weiterhin durch eine gute Luftqualität und angenehme Temperaturen unterstützt werden. Das verhindert, dass Zuhörer aufgrund eines stickigen Raumes oder Kälte frühzeitig den Vortrag verlassen.

Verdeutlichen Sie die Relevanz. Machen Sie stets klar, warum das Thema Ihrer Rede relevant ist. Dies gelingt etwa mit Beispielen oder mit Bezug auf aktuelle Themen und Problematiken. Haben Sie die Tage etwas Passendes in der Tageszeitung gelesen? Wunderbar. Bringen Sie dies in Ihrer Rede an.

Dulden Sie keine Störungen. Sollten im Kontext Ihres Vortrags Störungen stattfinden, sollten Sie diese unterbinden. Sprechen Sie betroffene Personen sofort an, um weitere Störungen zu vermeiden.

Unterhalten Sie mit Fragen und brisanten Themen. Auch kontroverse Aussagen können die Aufmerksamkeit erhöhen. Auf diese Art lassen sich viele Zuhörer mitreißen. Allerdings sollte dieses Mittel dosiert eingesetzt werden.

Nutzen Sie den ganzen Raum. Zwar ist eine ruhige Körperhaltung hilfreich für ein sicheres Auftreten, leichte Bewegungen können jedoch das Zuhören anregen. Sie dürfen sich gerne leicht von links nach rechts bewegen und so den ganzen Raum, den Sie für Ihre Rede zur Verfügung gestellt bekommen haben, ausnutzen. Halten Sie Blickkontakt mit Ihrem Publikum. Nutzen Sie Gestik und Mimik, um das Gesprochene zu untermalen. Eine lebendige, aber nicht hektische Körpersprache kann das Zuhören außerdem unterstützen.

Erlauben Sie Raum für Fragen. Es ist immer gut, Zuhörern am Ende einer Präsentation Raum für Fragen zu geben. Planen Sie idealerweise ein wenig extra Zeit dafür ein. Möglicherweise entstehen nach Ihrer Rede noch gute Diskussionen.

Beenden Sie mit interessanten Ideen und Anregungen. In vielen Fällen ist es besser, ein Thema mit Fragen zu beenden als mit einer gefestigten Aussage. Lassen Sie Ihre Zuhörer entscheiden, wie sie zu dem besprochenen Thema stehen. Geben Sie Anregungen mit und teilen Sie ihnen möglicherweise sogar mit, in welche Richtung Sie tendieren. Lassen Sie aber Raum für die eigene Interpretation und für das eigene Nachdenken der Zuhörer.

Wer ein paar Details im Blick behält, wird seine Präsentations- und Vortragskünste schnell verbessern. Wie immer gilt: Übung macht den Meister. Trainieren Sie so häufig wie möglich und nutzen Sie jede Gelegenheit, die sich Ihnen bietet. Es wird sich auszahlen!

Effektiv Meetings führen

Besonders deutlich zeigt sich die Prozess-Kompetenz von Führungskräften, wenn sie Meetings durchführen und moderieren. Viele Umfragen zeigen, dass Mitarbeiter häufig darunter leiden, dass Meetings als nicht produktiv wahrgenommen werden. In vielen Unternehmen werden zu wenige Meetings geführt und dadurch persönliche Gespräche meist nicht ermöglicht. Daneben gibt es zahlreiche Unternehmen, in denen zu viele Meetings umgesetzt werden. Häufig gehen Mitarbeiter aus solchen Meetings mit dem Gefühl heraus, dass sie all das auch in wenigen E-Mails hätten klären können. Meetings, die sich wie Zeitverschwendung anfühlen, haben daher keinen produktiven Mehrwert. Eine wirksame Prozesssteuerung heißt für die Führungskraft hier vor allem, dass die Umsetzung aller wichtigen Punkte zeitgetreu erfolgen muss. Das bedeutet zunächst, dass ein Meeting eine ordentliche Agenda haben muss. Damit ein Meeting gelingt, muss allen Beteiligten das Thema klar sein sowie eine gewisse Struktur vorhanden sein. Letztlich sollte für jeden der einzelnen Punkte nur so viel Zeit verwendet werden, wie absolut notwendig ist. Dabei sollen zwar keine Details unter den Tisch fallen und es soll auch Raum für Fragen ermöglicht werden, jedoch sollen auch keine unnötig langen Diskussionen geführt werden. Die Leitung muss den Überblick behalten. Jeder Punkt sollte nur so lange besprochen werden, wie es notwendig ist. Wenn Sie sehen, dass ein Mitarbeiter immer wieder auf den gleichen Punkt zurückkommt und sich alle Beteiligten im Kreise drehen, müssen Sie intervenieren. Verweisen Sie darauf, wenn es sich um Wiederholungen handelt. Scheuen Sie nicht davor zurück, ein letztes Wort zu haben. Wenn Sie merken, dass sich die Diskussion im Kreis dreht, ohne zu produktiven Lösungen zu kommen, dürfen Sie unterbrechen. Dies liegt sogar in der Pflicht der Leitung.

Außerdem gehört eine kompetente Moderation von Diskussionen und Entscheidungsprozessen zur Verantwortung der Führungskraft. Das bedeutet zunächst, dass Sie erkennen müssen, an welchen Punkten Diskussionsbedarf besteht. Diesen Punkt können Sie bereits im Vorfeld vorbereiten. Notieren Sie sich die Themen, über die Uneinigkeit besteht. Sprechen Sie die Punkte im Meeting gezielt an. Leiten Sie eine Diskussion damit ein, dass Sie wissen, dass bestimmte Meinungsunterschiede bestehen. Lassen Sie Diskussionen zu, verhindern Sie aber Störungen im Meeting-Ablauf. Viele Führungskräfte machen den Fehler, dass sie nicht rechtzeitig eingreifen, wenn erste Störungen wahrzunehmen sind. Doch was anfangs klein und harmlos erscheinen mag, kann den Verlauf eines Meetings nachhaltig stören. Langfristig fällt dies auf die Kompetenz der Führungskraft zurück. Haben Mitarbeiter das Gefühl, dass sich die Leitung nicht durchsetzt oder auf Störungen gar nicht hinweist, werden sie sie selten als kompetent wahrnehmen. Zu Störungen gehören die folgenden Punkte:

Unterbrechungen und lautes Dazwischenreden von Mitarbeitern
Störende Nebengeräusche, wie das Klappern mit einem Stift
Essen während des Meetings
Lautes Klingeln oder Piepen eines Handys
Mitarbeiter, die unkonzentriert sind und auf ihr Handy schauen
Scherze, die von Beteiligten inmitten von ernsten Diskussionen eingeworfen werden
Unterbrechungen von außen
Laute Geräusche von außen

Nicht immer lassen sich Störquellen minimieren. So kann es vorkommen, dass laute Außengeräusche in den Meetingraum eindringen. Nach Möglichkeit sollten solche Störquellen jedoch vermieden werden. Wenn Ihnen also Bauarbeiten bekannt sind, sollten Sie einen Meetingraum auswählen, der nicht von Baulärm beeinträchtigt wird. Ein „Bitte nicht stören"- oder „In Besprechung"-Schild kann Unterbrechungen von außen ebenfalls verhindern.

Stellen Sie zu Beginn des Meetings sicher, dass alle Smartphones lautlos sind. Sprechen Sie Mitarbeiter gezielt darauf an, wenn Sie bemerken, dass sie sich nicht konzentrieren oder zu häufig stören. Werden Sie dabei jedoch nicht unhöflich oder laut, sondern bleiben Sie respektvoll. Teilen Sie dennoch mit, dass das Verhalten der betreffenden Person Ihren Ablauf stört.

Die Leitung sollte außerdem dafür sorgen, dass das Meeting sich im vereinbarten Zeitrahmen vollzieht. Sollte ein Meeting wenige Minuten mehr benötigen, ist das kein Problem. Grundsätzlich sollte die Zeit aber so realistisch wie möglich eingeschätzt werden. Meetings, die permanent zu lange dauern, wirken irgendwann unnötig und unglaubwürdig. Außerdem planen alle Beteiligten deutlich mehr Zeit ein, als sie tatsächlich müssten. Das kann die Struktur und den allgemeinen Arbeitsrhythmus stören. Das Gleiche gilt für Meetings, die permanent zu kurz sind. Grundsätzlich sollten Sie daher versuchen, den Zeitrahmen in keine Richtung um mehr als 10 Minuten zu überschreiten.

Zu einer erfolgreichen Steuerung der Prozesse gehört auch ein regelmäßiger Austausch über Meetings. Wie zufrieden sind die Teilnehmer generell? Finden Meetings in den Augen der Beteiligten in angemessener Regelmäßigkeit statt? Was kann verbessert werden? Was sollte unbedingt so bleiben wie bisher? Wie schnell werden die beschlossenen Veränderungen umgesetzt? Sind alle Beteiligten damit zufrieden?

Es gibt mehrere Möglichkeiten, diese Fragen zu überprüfen. Sie können dies in regelmäßigen Teamgesprächen thematisieren. Alternativ können regelmäßige Umfragen geführt werden. Aber Achtung: An regelmäßigen, anonymen Umfragen nehmen nicht alle Mitarbeiter teil.

> **Tipp:** Werden die Umfragen personalisiert, steigt die Antwortquote erheblich.

Eine andere Möglichkeit, um diese Fragen zu klären, bietet das nächste Meeting. Lassen Sie in regelmäßigen Abschnitten Raum für Feedback zu den Meetings.

Bonus: Der Leitfaden für ein erfolgreiches Mitarbeitergespräch

Mitarbeitergespräche sind ein wichtiges Mittel, um für den Austausch zwischen Führungskraft und Mitarbeitern zu sorgen. Sie können genutzt werden, um Feedback, aber auch Kritik zu vermitteln. Sie helfen, außerdem festzustellen, welche Ziele erreicht wurden und welche Ziele noch erreicht werden müssen. Mitarbeiter können in diesen Gesprächen die Gelegenheit erhalten, Fragen zu stellen oder Probleme zu äußern. Nicht alle Führungskräfte nutzen das Potenzial eines Mitarbeitergesprächs vollkommen aus. Viele Führungskräfte und Mitarbeiter vermeiden diese Gespräche sogar nach Möglichkeit. Häufig wirken sie lästig und nicht sinnvoll. Dies liegt allerdings daran, dass sie nicht immer richtig geführt werden. Ein Mitarbeitergespräch sollte sich auf die wichtigen Punkte konzentrieren, aber auch Raum für Fragen und Ideen lassen. Damit Sie das Potenzial eines Mitarbeitergesprächs erkennen und lernen, wie Sie es richtig ausnutzen, erhalten Sie nachfolgend einen ausführlichen Leitfaden.

Das Mitarbeitergespräch

Das Mitarbeiterjahresgespräch ist ein Gespräch, das einmal jährlich mit den Mitarbeitern stattfindet. Dabei wird Feedback eingeholt und gegeben. Es wird Raum geschaffen für Kritik, persönliche Probleme und Fragen. Aber auch Ideen und Anregungen sollten hier geäußert werden können. Gerade wenn das Mitarbeitergespräch nur einmal im Jahr stattfindet, darf ausreichend Zeit eingeplant werden. Natürlich gibt es auch andere Wege, mit Mitarbeitern in direkte Kommunikation zu treten. Mehr zu diesem Thema lesen Sie in einem der folgenden Abschnitte. Die einzelnen Inhalte sollten stets auf den jeweiligen Mitarbeiter abgestimmt werden. Es ist nicht hilfreich, die gleichen Details mit jedem Mitarbeiter aufs Neue zu besprechen. Allgemeines Feedback und allgemeine Probleme sollten in größerer Runde angeführt werden. Das Mitarbeitergespräch sollte sich darauf beziehen, den einzelnen Mitarbeiter möglichst zu motivieren, zu fördern und ihm zu helfen. Gleichzeitig bietet es auch einen Rahmen für persönliches Feedback. Eine gute Vorbereitung auf das Mitarbeiterjahresgespräch ist das A und O. Sie bereiten sich am besten anhand von schriftlichen Notizen vor. Darin können das Feedback und auch Fragen aufgeführt werden. Möchten Sie Feedback seitens Ihrer Mitarbeiter sammeln? Dann kann es hilfreich sein, im Vorfeld darauf hinzuweisen. So können sich die Mitarbeiter ebenfalls ausreichend vorbereiten. Wissen Mitarbeiter, dass Feedback explizit erwünscht ist, werden sie motivierter sein, dieses zu formulieren. Werden die Mitarbeiter nicht gezielt gefragt, wird das allgemeine Feedback möglicherweise geringer ausfallen.

> **Ein Tipp:** Vielen Mitarbeitern kann es schwerfallen, ehrliches Feedback zu vermitteln. Versuchen Sie daher, bereits im Vorfeld einen sicheren Rahmen zu schaffen. Je sicherer sich Ihre Mitarbeiter fühlen, desto leichter wird es ihnen fallen, ehrliches Feedback zu geben.

Der passende Rahmen für das Mitarbeiterjahresgespräch

Das Mitarbeiterjahresgespräch sollte in einem passenden Rahmen geführt werden. Das bedeutet vor allem, dass es nicht in einem stressigen Moment durchgeführt werden sollte. Hier die wichtigsten Punkte im Überblick:

- ✓ Ruhiger Ort
- ✓ Ruhiger Zeitpunkt: stressige Phasen vermeiden
- ✓ Neutraler Ort – keine persönlichen Räume von Chef oder Mitarbeitern
- ✓ Keine Orte, an denen viel Ablenkung herrscht

Der angemessene Rahmen für das Gespräch ist ein ruhiger Ort und ein ruhiger Zeitpunkt. Stressige Phasen sollten für das Gespräch besser vermieden werden. Idealerweise findet das Treffen außerdem an einem Ort statt, an dem wenig Störungen zu erwarten sind. Der Raum sollte also ruhig sein und wenig Ablenkung bieten. Außerdem kann es den Rahmen angenehmer gestalten, wenn ein neutraler Raum genutzt wird. Natürlich könnten Sie denken, dass sich das Büro des Chefs eignet – es ist schließlich ein Raum, in dem sich die Mitarbeiter sonst nicht aufhalten und der in der Regel abtrennbar ist. Mitarbeiter können einfach dorthin bestellt werden. Der Vorteil für die Führungskraft liegt darin, dass alle Notizen und wichtigen Unterlagen im eigenen Büro bereits vorhanden sind. Für die Mitarbeiter ist dieser Raum jedoch ungeeignet. Es handelt sich nicht um eine neutrale Zone. Während die Leitung in der Komfortzone ist, kann sich der Mitarbeiter schnell wie vor Gericht fühlen. Bestehen Unsicherheiten oder Unstimmigkeiten, kann das Gefühl vermittelt werden, dass der Mitarbeiter sich nicht auf einer sicheren Ebene befindet. Ein neutraler Raum kann eine angenehmere Atmosphäre schaffen.

Vor dem Gespräch sollte der Raum gelüftet werden, um ein angenehmes Raumklima zu schaffen. Besonders angenehm gestaltet sich die Atmosphäre, wenn Getränke angeboten werden. Tee und Kaffee können im Rahmen eines Mitarbeitergesprächs durchaus konsumiert werden.

Werden mehrere Gespräche geführt, ist es ratsam, eine Struktur und Reihenfolge zu bedenken. Handelt es sich um ein kleines Team von vier bis fünf Mitarbeitern, können alle Gespräche an einem Tag durchgeführt werden.

Allerdings sollten Sie sich genau überlegen, ob dies ratsam ist. Gehen Sie davon aus, dass einige der Gespräche nervenaufreibend werden, können größere Pausen für Sie angenehmer sein. Dies hängt auch von Ihrem anderen Arbeitspensum ab. Für viele Menschen ist der Vormittag die angenehmste Zeit, ein Gespräch zu führen, da die Konzentrationsspanne hier am höchsten ist. Mitarbeiter, die vor solchen Gesprächen nervös sind, haben außerdem nicht den ganzen Tag Zeit, sich in ihre Nervosität hineinzusteigern.

Angenehme Rahmenbedingungen können den Erfolg des Gespräches merklich erhöhen. Schaffen Sie eine möglichst komfortable Atmosphäre für sich selbst und für Ihre Mitarbeiter.

Wer mit wem?

Grundsätzlich findet ein Mitarbeiterjahresgespräch zwischen einem einzelnen Mitarbeiter und der Führungskraft statt. In Einzelfällen können sich dennoch Fragen über die Konstellation ergeben. Gibt es eine geteilte Führung, können die Gespräche aufgeteilt werden. Das kann jedoch zu Problemen führen. Möglicherweise fühlen sich manche Mitarbeiter bevorzugt oder benachteiligt, je nachdem, mit wem sie das Gespräch führen. Häufig ist es einfacher, wenn ein einheitliches Vorgehen bei den Gesprächen befolgt wird. In manchen Fällen bietet es sich auch an, das Gespräch bei geteilter Leitung gemeinsam zu führen. Allerdings kann die 2-gegen-1-Konstellation (Leitung/Leitung – Mitarbeiter) auch unangenehm für das Gespräch auf Mitarbeiterseite sein. Die Abwägung sollte daher stets im Einzelfall stattfinden. In jedem Fall sollte aber mit jedem Mitarbeiter die gleiche Konstellation angestrebt werden. Bei geteilter Leitung sollten also entweder bei jedem Mitarbeiterjahresgespräch beide Leitungskräfte anwesend sein oder bei keinem.

Wie oft und wie lange?

Es gibt keine festen Regeln dazu, wie lange ein Mitarbeiterjahresgespräch dauern soll. Dies hängt von vielen Faktoren in den Einzelfällen ab. Die Häufigkeit ist für ein Mitarbeiterjahresgespräch hingegen einfach festzuhalten: Dieses Gespräch findet einmal im Jahr statt. Nur in Ausnahmefällen werden weitere Mitarbeitergespräche angeboten. In der Regel ist das Ziel dieses Jahresgesprächs jedoch, einen Blick auf die Entwicklung eines Mitarbeiters zu werfen. Dies ist selten mehr als einmal im Jahr notwendig. Der zeitliche Rahmen des einzelnen Gesprächs sollte für alle Mitarbeiter gleich sein. In der Regel eignen sich mindestens 30 bis 60 Minuten. Zu lange Gespräche sind für alle Parteien anstrengend, zu kurze können nicht alle wichtigen Punkte umfassen. Ein grober Zeitrahmen sollte im Vorfeld festgelegt und ungefähr eingehalten werden (+/- 10 Minuten sind in Ordnung).

Vorbereitung Rückblick – Ausblick und Vergangenheit – Zukunft

Inhaltlich sollten Mitarbeiterjahresgespräche stets sowohl einen Rückblick als auch einen Ausblick beinhalten. Der Ausblick fokussiert sich auf die zukünftige Entwicklung. Ein Rückblick wirft einen Blick auf die vergangene Zeit und Entwicklung. Der Rückblick ist wichtig, um Fehler zu erkennen und generelles Feedback zum bisherigen Arbeitsverhalten zu geben. Der Ausblick ist wichtig, um Verbesserungspotenzial für den jeweiligen Mitarbeiter zu definieren. Um den Fokus positiv zu setzen, sollte der Ausblick eine stärkere Gewichtung erfahren. Dies schafft ein gutes Gefühl und beendet das Gespräch mit Motivation. Gehen Sie Monat für Monat des letzten Jahres durch:

Was ist gut gelaufen?

Wo gab es Probleme?

Denken Sie auch an alle bevorstehenden Termine: Auf welche großen Events arbeitet das Team derzeit hin?

Welche wichtigen Ereignisse sollten im Blick behalten werden?

In welchen Phasen kann es stressig werden?

Worauf muss sich das Team und jeder einzelne Mitarbeiter in Zukunft noch einstellen?

Diese Fragen und ähnliche Gedanken sorgen dafür, dass das Gespräch strukturiert verläuft. Sie gewährleisten außerdem, dass keine wichtigen Details vergessen werden.

Zielvereinbarung und Zielüberprüfung

In einem Mitarbeitergespräch werden Ziele vereinbart. Diese bieten sowohl Ihnen als auch Ihren Mitarbeitern eine gute Orientierung und sorgen dafür, dass Vereinbarungen überprüfbar werden. Sie sollten sich vorher bereits überlegen, welche Ziele im Gespräch priorisiert werden sollten. Bevor Sie in das Gespräch gehen, sollten Sie sich darüber im Klaren sein, was Sie sich wünschen:

- Mit welchen Ideen möchten Sie aus dem Gespräch herausgehen?
- Was wünschen Sie sich von Ihrem Mitarbeiter?
- Welche Ziele dürfen nicht aus den Augen verloren werden?

Je genauer Sie sich darüber im Klaren sind, desto gezielter können Sie an diesen Zielen im Gespräch mitwirken. Vermitteln Sie Ihren Mitarbeitern, was Sie sich wünschen. Geben Sie aber auch Ihren Mitarbeitern die Möglichkeit, sich bezüglich der eigenen Wünsche zu äußern. Erarbeiten Sie Ziele strukturiert und detailliert. Halten Sie genau fest, was wann erledigt sein soll.

Ein Beispiel:
Projekt A muss erfolgreich abgeschlossen werden. Mit diesem Satz ist zwar ein Ziel formuliert, es ist jedoch wenig konkret. Zwar wissen beide Parteien, dass ein bestimmtes Projekt abgeschlossen werden muss, doch sie haben keine genauen Vorstellungen von den Details. Wann muss das Projekt abgeschlossen werden? Unter welchen Bedingungen muss das Projekt abgeschlossen werden? Woran ist erkenntlich, dass das Projekt vollständig abgeschlossen ist?

Besser:
Projekt A muss bis zum 15. Juli abgeschlossen sein. Vollständig abgeschlossen gilt das Projekt erst mit Abgabe des Abschlussberichtes. Daher würde ich vorschlagen, dass das Projekt bis zum 15. Juni abgeschlossen wird. Im Anschluss bleiben 4 Wochen für das Verfassen des Berichtes.

Letztere Formulierung lässt weniger Freiraum für Interpretation. Beide Parteien kennen die vereinbarten Eckdaten genau und wissen daher auch, welche Erwartungen damit einhergehen.

Ähnlich soll auch die Zielüberprüfung ablaufen. Im Rahmen der Zielüberprüfung wird geschaut, ob Ziele des letzten Jahres erfolgreich umgesetzt wurden. Auch hier ist ein Blick in die Details wichtig.

Schriftliche Fixierung der Ziele

Durch eine Verschriftlichung der Ziele können beide Parteien später auf die besprochenen Inhalte zurückgreifen. Dadurch entsteht Klarheit für alle Beteiligten.

Fertigen Sie hierzu während des Gesprächs Notizen an. Schauen Sie im Anschluss auf Ihre Mitschriften. Besprechen Sie, ob es noch irgendwelche Unklarheiten gibt oder ob noch fehlende Punkte hinzugefügt werden sollten. Verschriftlichen Sie am Ende alle Inhalte Ihres Gesprächs in Form von Zielen. Lassen Sie Ihren Mitarbeitern die Verschriftlichung zukommen. Nicht selten ist es üblich, die getroffenen Vereinbarungen zu unterzeichnen, um mehr Verbindlichkeit zu erzeugen.

Im weiteren Verlauf kann die Verschriftlichung der Ziele die Grundlage für das nächste Mitarbeitergespräch bilden. Sie können sich im Vorfeld darüber informieren, ob die Ziele erreicht wurden. Im Rahmen des nächsten Gesprächs können Sie die Ziele dann besprechen und neue Ziele hinzufügen.

Eine einfache Verschriftlichung kann beispielsweise so gestaltet werden:

Mitarbeiterjahresgespräch

Datum/Uhrzeit:		
Mitarbeitername:		
Abteilung		
Gesprächsführung		

Vereinbarte Ziele	**Aufwand**	**Fristen** (für Beendigung des Ziels/ Projektes und für Beurteilung)	**Sonstiges** (beispielsweise Budget, Unterstützung erforderlich etc.)
Ziel A			
Ziel B			
Ziel C			

Beurteilung:

___

___

___

___

___

___

___

___

___

___

___

___

Das Mitarbeiterjahresgespräch führen

Falsch angewendet, sind Mitarbeiterjahresgespräche selten produktiv und sorgen womöglich für mehr Unmut. Mit der richtigen Herangehensweise sind sie allerdings ein wirkungsvolles und hilfreiches Werkzeug für den Alltag einer Führungskraft. Das Gespräch sollte in erster Linie dazu dienen, alle offenen Fragen, Probleme und Wünsche zu klären. Daneben dient es dazu, ehrliches Feedback zu geben und zu erhalten – sowohl auf Mitarbeiterseite als auch auf Führungsseite. Die Voraussetzung dafür ist Vertrauen.

Das Mitarbeitergespräch funktioniert bestmöglich, wenn es einer klaren Struktur folgt. Daher ist es hilfreich, dass Mitarbeiter wissen, womit sie im Rahmen des Gespräches rechnen müssen. Dies gilt vor allem für die Mitarbeiter, die noch kein Gespräch geführt haben. Hierzu gehören exemplarisch alle neuen Mitarbeiter im Team, aber auch junge Mitglieder, die noch nicht viel Arbeitserfahrung gesammelt haben. Für eine ausreichende Vorbereitung sollte das Mitarbeitergespräch frühzeitig angekündigt werden. Legen Sie im Vorfeld fest, welche Themen Sie in welcher Reihenfolge abarbeiten möchten. Benennen Sie dies im Vorfeld. So weiß der Mitarbeiter, welche Themen ihn im Anschluss noch erwarten. Durch die Kenntnis der Struktur des Gespräches haben Ihre Mitarbeiter die Möglichkeit, weitere Themenwünsche zu äußern.

Welche Themenreihenfolge am meisten Sinn ergibt, hängt vom Einzelfall ab. In vielen Fällen bietet es sich aber an, mit einer gemeinsamen Evaluation des letzten Jahres zu beginnen. Im Rahmen dessen können Entwicklungsmöglichkeiten und die Zukunft des Mitarbeiters besprochen werden. Im Anschluss kann zu einer Feedbackrunde übergegangen werden, bei der Ihr Mitarbeiter die Möglichkeit hat, sich bezüglich Ihrer Führung zu äußern. Im Anschluss bietet es sich an, Raum für Ideen und Fragen zu schaffen, für die zuvor kein Raum vorhanden war.

Das Mitarbeitergespräch sollte beiden Seiten Gelegenheit geben, Lob, aber auch konstruktive Kritik zu äußern. Gleichzeitig ist Ehrlichkeit gefragt, damit Verbesserungen stattfinden können. Als Führungskraft können Sie dabei einen wichtigen Hinweis mitgeben:

Erklären Sie dem Mitarbeiter, wie Stärken genutzt werden können, um die Lernthemen zu überwinden. Benennen Sie dabei seine Stärken deutlich. Versuchen Sie gemeinsam, einen Weg zu finden, diese so einzusetzen, dass sie bei im Rahmen des Gesprächs benannten Schwierigkeiten hilfreich sein können. Scheuen Sie sich nicht davor, nach Feedback zu fragen, wenn Sie es nicht eigeninitiativ von Ihren Mitarbeitern erhalten.

Wichtig für ein erfolgreiches Gespräch ist außerdem ein respektvoller Umgangston auf beiden Seiten. Begegnen Sie einander mit Wertschätzung. Dazu gehört vor allem, dass Sie einander ausreden lassen. Vorwürfe sind stets fehl am Platz. Es geht bei einem solchen Gespräch nicht darum, einen Mitarbeiter für grobe Fehler verantwortlich zu machen. Vielmehr soll das Gespräch einen angemessenen Rahmen bieten, um vorhandene Schwierigkeiten zu analysieren und Verbesserungspotential zu ermitteln.

Eine sachliche und neutrale Sprache ist daher angemessen. Persönliche Befindlichkeiten und Schuldvorwürfe haben in einem Mitarbeitergespräch nichts verloren. Fragen können hier ein geeignetes Mittel der Wahl darstellen. Dadurch kann zunächst Klarheit über die Situation geschaffen werden. Auf die Art werden Missverständnisse vermieden. Außerdem sind Ich-Botschaften besser als Du-Botschaften. So vermeiden Sie, dass sich Ihr Gegenüber angegriffen fühlt.

Versuchen Sie außerdem, ein Feingefühl dafür zu entwickeln, wenn das Gespräch aus dem Ruder zu laufen droht. Bemerken Sie, dass der Mitarbeiter zu emotional reagiert oder nervös ist, empfiehlt es sich, eine Pause einzulegen.

Hierfür gibt es einige deutliche Signale:

- ✗ Ihr Gegenüber fängt an, zu seufzen.
- ✗ Ihr Gegenüber beginnt, schneller und hektischer zu sprechen.
- ✗ Ihr Gegenüber wird lauter.
- ✗ Ihr Gegenüber verzieht die Gesichtszüge häufiger (rollt mit den Augen, wendet den Blick ab).
- ✗ Lippenbeben – die Lippen (vor allem die Unterlippe) des anderen fängt an, leicht zu zittern.
- ✗ Andere Gesichtsmuskeln fangen leicht zu zittern und zu zucken an.
- ✗ Sie unterbrechen einander häufiger.

Auch beschwichtigende Worte können helfen. Schaffen Sie in diesen Situationen Klarheit darüber, was Sie sagen wollen und dass Sie nicht vorhaben, persönliche Angriffe vorzunehmen. Sollte sich das Gespräch auf diese Weise nicht zum Positiven entwickeln, kann es abgebrochen werden, um einen alternativen Termin vorzuschlagen. So haben beide Parteien Zeit, das Besprochene sacken zu lassen und weniger emotional in das nächste Gespräch zu gehen.

Klare Worte sind ebenfalls wichtig für ein erfolgreiches Gespräch. Lassen Sie möglichst wenig Freiraum für Interpretationen und formulieren Sie prägnant.

Es empfiehlt sich letztlich, schwierige Gespräche mit einem positiven Ausblick enden zu lassen. Am Ende dürfen Sie daher einen Blick auf alle erarbeiteten Lösungsvorschläge und Verbesserungen für die Zukunft werfen. Dies führt dazu, dass das Gespräch ein positives Ende erfährt, was zu einem motivierenden Miteinander führt. Bedanken Sie sich am Ende für die Zeit Ihres Gegenübers und das ehrliche Gespräch.

Die hier genannten Tipps gelten nicht nur für Mitarbeiterjahresgespräche. Sie sind auch für alle Arten von schwierigen Gesprächen anwendbar. Respektvolles Verhalten und klare Botschaften sorgen dafür, dass Missverständnisse keine Chance haben. Das Managen schwieriger Gespräche und generell von Krisen ist eine hohe Kunst. Doch Sie werden sehen, dass es mit der Zeit immer einfacher wird.

Fallen vermeiden

Wie bei allen schwierigen Situationen gibt es auch bei Mitarbeiterjahresgesprächen Fallen, die es zu vermeiden gilt. Zu diesem Thema hier ein paar Tipps:

✓ Lassen Sie sich nicht dazu hinreißen, persönliche Kommentare entgegenzunehmen oder zu geben. In einer hitzigen Diskussion ist es nur allzu einfach, persönlich zu werden. Bemerken Sie, dass Ihr Gegenüber persönlich wird, sollten Sie dies umgehend stoppen. Gehen Sie nicht darauf ein, sondern bleiben Sie sachlich und neutral.

✓ Vermeiden Sie Schuldvorwürfe. Wie bereits erwähnt, geht es darum, Verbesserungen zu formulieren. Der Fokus sollte immer auf dem positiven Potential der Zukunft liegen.

✓ Unterbrechen Sie nicht. Bleiben Sie geduldig. Auch wenn sich der andere in einem Monolog wiederfindet, versuchen Sie, der Versuchung zu widerstehen, ihn zu unterbrechen. Einander ausreden zu lassen, ist das A und O einer respektvollen Unterhaltung.

✓ Lassen Sie sich nicht ablenken. Es kann gut sein, dass Mitarbeiter, wenn Kritik angebracht wird, das Thema wechseln. In diesem Fall ist es wichtig, das Gespräch auf den eigentlichen Punkt zurückzuführen. Machen Sie deutlich, dass es Ihnen nicht um Schuldzuweisungen geht. Vielmehr möchten Sie mit dem Mitarbeiter, mit dem Sie das Gespräch gerade führen, Verbesserungspotenzial für die Zukunft erarbeiten.

✓ Vermeiden Sie Gespräche unter Zeitdruck. In hektischen Phasen kann es schwierig werden, ausreichend Zeit für Gespräche zu finden. Wer sehr beschäftigt ist, ist oft unruhig. Das belastet die Gesprächsatmosphäre. Damit ein Gespräch zufriedenstellend abläuft, muss stets ausreichend Zeit eingeplant werden. Gespräche unter Zeitdruck sind selten erfüllend. Achten Sie daher darauf, ausreichend Zeit einzuplanen. Kommt etwas dazwischen, das Ihnen Zeit für das Gespräch raubt, suchen Sie lieber einen Ersatztermin. Das kann kurzfristig zwar etwas ärgerlich sein, ist aber wesentlich besser, als das Gespräch abzukürzen.

✓ Geben Sie jedem Mitarbeiter die gleiche Zeit. Haben Sie das Gefühl, dass Gespräche mit einem Mitarbeiter deutlich kürzer ausfallen werden als mit einem anderen, kann es verlockend sein, die Gespräche unterschiedlich lang ausfallen zu lassen. Ein schwierigeres Gespräch mit einem anderen Mitarbeiter wird ihnen vermutlich mehr Zeit rauben als ein Gespräch mit einem Mitarbeiter, der seine Ziele verfolgt und dem Betriebsklima zuträglich ist. Dennoch ist es wichtig, beiden Mitarbeitern die gleiche Zeit zur Verfügung zu stellen, damit die Gespräche produktiv verlaufen können.

✓ Stützen Sie sich niemals auf Gerüchte. Egal, wie sicher Sie sich sind, ob eine Tatsache stimmt, überprüfen Sie sie stets. Nur indem Sie Klarheit schaffen, können Sie vermeiden, dass Missverständnisse entstehen.

✓ Bleiben Sie offen für Kritik. Wenn Sie einen sicheren Rahmen schaffen, werden Sie stets ehrliches Feedback erhalten. Dazu gehört auch, Kritik anzunehmen, auch wenn sie im ersten Moment unbequem erscheint.

✓ Überlegen Sie sich bereits im Vorfeld, welche Erwartungen Sie zukünftig an den Mitarbeiter stellen. So vermeiden Sie Schuldvorwürfe. Wenn Sie bereits im Vorfeld wissen, was Sie zukünftig zu verändern wünschen, können Sie dies im Feedback direkt formulieren. So wird auch das Erarbeiten zukünftiger Veränderungen einfacher.

✓ Beenden Sie das Gespräch immer mit freundlichen Worten. Auch nach einer hitzigen Diskussion sollten Sie sich immer für das Gespräch bedanken. So wird es mit wohlwollenderen Gedanken beendet.

Der Weg zu einem guten Führungsstil

Der Weg zu einem guten Führungsstil ist immer ein langer Prozess. Erfolg wird nicht über Nacht sichtbar. Wichtig ist, dass Sie sich stets daran erinnern, dass Sie auf dem richtigen Weg sind und nicht aufgeben. Viele der hier genannten Punkte benötigen Zeit, um sich zu entwickeln. Mit jeder Übung wird es jedoch einfacher. Auch wenn es Rückschläge gibt, ist es wichtig, dass Sie an sich glauben. Gleichzeitig sollten Sie sich darüber im Klaren sein, dass der Weg niemals richtig beendet sein wird. Es wird immer weiteres Entwicklungspotential geben und immer wieder neue Umstände, die Veränderungen hervorrufen. Daher ist es so wichtig, als Führungskraft agil zu bleiben. Wer offen für neue Erfahrungen und Strukturen ist, wird langfristig Erfolg haben. Sie werden sich immer wieder auf neue Technologien, wissenschaftliche Erkenntnisse und Umstände einstellen müssen. Nehmen Sie Veränderungen flexibel und reflektiert an. Sie müssen nicht jedem neuen Trend folgen, doch Sie sollten offen für das Potential neuer Erkenntnisse bleiben.

Eine der wichtigsten Lektionen, die Sie aus diesem Ratgeber mitnehmen sollten, ist die, dass Sie authentisch bleiben. Bleiben Sie sich und Ihren Werten treu. Überprüfen Sie immer wieder Ihre Inneneinstellung. Testen Sie, ob sie mit der Außenwahrnehmung übereinstimmt. Die zweitwichtigste Lektion ist die des Respekts. Im Umgang mit anderen Menschen sollten Sie stets respektvoll agieren. Das gilt für Gespräche, aber auch für das allgemeine Miteinander. Unabhängig davon, welchen Führungsstil Sie an den Tag legen, ist ein respektvoller Umgang das A und O.

Kommen Sie gerne zu den einzelnen Kapiteln zurück, wenn Sie sich nicht mehr über die Einzelheiten im Klaren sind. Dieses Buch ist als Leitfaden gedacht, an dem Sie sich immer wieder orientieren können. Auch wenn stets Veränderungen auftreten, gibt es einige Details, die zeitlos bleiben. In diesem Sinne: Viel Erfolg!